Jérôme Luc

Physique-Optique Non Linéaire

Jérôme Luc

Physique-Optique Non Linéaire

Propriétés optiques non linéaires et structuration photo-induite de nouveaux complexes organométalliques

Presses Académiques Francophones

Impressum / Mentions légales
Bibliografische Information der Deutschen Nationalbibliothek: Die Deutsche Nationalbibliothek verzeichnet diese Publikation in der Deutschen Nationalbibliografie; detaillierte bibliografische Daten sind im Internet über http://dnb.d-nb.de abrufbar.
Alle in diesem Buch genannten Marken und Produktnamen unterliegen warenzeichen-, marken- oder patentrechtlichem Schutz bzw. sind Warenzeichen oder eingetragene Warenzeichen der jeweiligen Inhaber. Die Wiedergabe von Marken, Produktnamen, Gebrauchsnamen, Handelsnamen, Warenbezeichnungen u.s.w. in diesem Werk berechtigt auch ohne besondere Kennzeichnung nicht zu der Annahme, dass solche Namen im Sinne der Warenzeichen- und Markenschutzgesetzgebung als frei zu betrachten wären und daher von jedermann benutzt werden dürften.

Information bibliographique publiée par la Deutsche Nationalbibliothek: La Deutsche Nationalbibliothek inscrit cette publication à la Deutsche Nationalbibliografie; des données bibliographiques détaillées sont disponibles sur internet à l'adresse http://dnb.d-nb.de.
Toutes marques et noms de produits mentionnés dans ce livre demeurent sous la protection des marques, des marques déposées et des brevets, et sont des marques ou des marques déposées de leurs détenteurs respectifs. L'utilisation des marques, noms de produits, noms communs, noms commerciaux, descriptions de produits, etc, même sans qu'ils soient mentionnés de façon particulière dans ce livre ne signifie en aucune façon que ces noms peuvent être utilisés sans restriction à l'égard de la législation pour la protection des marques et des marques déposées et pourraient donc être utilisés par quiconque.

Coverbild / Photo de couverture: www.ingimage.com

Verlag / Editeur:
Presses Académiques Francophones
ist ein Imprint der / est une marque déposée de
OmniScriptum GmbH & Co. KG
Heinrich-Böcking-Str. 6-8, 66121 Saarbrücken, Deutschland / Allemagne
Email: info@presses-academiques.com

Herstellung: siehe letzte Seite /
Impression: voir la dernière page
ISBN: 978-3-8416-2916-6

Copyright / Droit d'auteur © 2014 OmniScriptum GmbH & Co. KG
Alle Rechte vorbehalten. / Tous droits réservés. Saarbrücken 2014

Université d'Angers

Année : 2008
N° d'ordre : 898

Propriétés optiques non linéaires et structuration photo-induite de nouveaux complexes organométalliques à base de ruthénium

THESE DE DOCTORAT

Spécialité : Physique

ECOLE DOCTORALE D'ANGERS

présentée et soutenue publiquement

le **14 mai 2008**

à l'Université d'Angers

par

Jérôme LUC

devant le jury ci-dessous :

Chantal ANDRAUD, *Président*, Directeur de Recherche CNRS, Ecole Normale Supérieure de Lyon
Stelios COURIS, *Rapporteur*, Professeur, Université de Patras, Grèce
Jean EBOTHE, *Rapporteur*, Professeur, Université de Reims
Jean-Luc FILLAUT, *Examinateur*, Chargé de Recherche CNRS, Université de Rennes 1
Elena ISHOW, *Examinateur*, Maître de Conférences, Ecole Normale Supérieure de Cachan
Ileana RAU, *Examinateur*, Maître de Conférences HDR, Université *Politehnica* de Bucarest, Roumanie
Bouchta SAHRAOUI, *Directeur de thèse et Examinateur*, Professeur, Université d'Angers

Laboratoire des Propriétés Optiques des Matériaux et Applications, UMR CNRS 6136
Université d'Angers, 2 boulevard Lavoisier, 49045 ANGERS Cédex 01

ED 363

Université d'Angers

Année : 2008
N° d'ordre : 898

Propriétés optiques non linéaires et structuration photo-induite de nouveaux complexes organométalliques à base de ruthénium

THESE DE DOCTORAT

Spécialité : Physique

ECOLE DOCTORALE D'ANGERS

présentée et soutenue publiquement

le **14 mai 2008**

à l'Université d'Angers

par

Jérôme LUC

devant le jury ci-dessous :

Chantal ANDRAUD, *Président*, Directeur de Recherche CNRS, Ecole Normale Supérieure de Lyon
Stelios COURIS, *Rapporteur*, Professeur, Université de Patras, Grèce
Jean EBOTHE, *Rapporteur*, Professeur, Université de Reims
Jean-Luc FILLAUT, *Examinateur*, Chargé de Recherche CNRS, Université de Rennes 1
Elena ISHOW, *Examinateur*, Maître de Conférences, Ecole Normale Supérieure de Cachan
Ileana RAU, *Examinateur*, Maître de Conférences HDR, Université *Politehnica* de Bucarest, Roumanie

Bouchta SAHRAOUI, *Directeur de thèse et Examinateur*, Professeur, Université d'Angers

Laboratoire des Propriétés Optiques des Matériaux et Applications, UMR CNRS 6136
Université d'Angers, 2 boulevard Lavoisier, 49045 ANGERS Cédex 01

ED 363

Remerciements

Cette étude a été réalisée au laboratoire POMA (Propriétés Optiques des Matériaux et Applications - UMR CNRS 6136) de l'Université d'Angers, sous la direction de Monsieur Bouchta Sahraoui. Je tiens à lui exprimer mes remerciements les plus sincères pour sa confiance et ses conseils précieux tout au long de ces trois années.

Je remercie tout particulièrement Monsieur André Monteil, directeur du laboratoire POMA, pour m'avoir accueilli au sein de son laboratoire.

Je remercie vivement Madame Chantal Andraud de l'Ecole Normale Supérieure de Lyon pour avoir accepté de présider mon jury d'examen.
J'exprime ma profonde gratitude à Monsieur Stelios Couris de l'Université de Patras (Grèce), ainsi qu'à Monsieur Jean Ebothé de l'Université de Reims, pour avoir accepté d'être les rapporteurs de cette thèse.
Je tiens à remercier vivement Monsieur Jean-Luc Fillaut de l'Université de Rennes 1 pour la synthèse des complexes organométalliques, pour les discussions très enrichissantes et constructives que nous avons pu avoir tout au long de cette thèse ainsi que pour avoir accepté de participer à mon jury d'examen.
Je tiens également à remercier Madame Elena Ishow de l'Ecole Normale Supérieure de Cachan, ainsi que Madame Ileana Rau de l'Université *Politehnica* de Bucarest (Roumanie), pour l'intérêt qu'elles ont porté à ce travail et pour avoir accepté de l'examiner.

Je remercie tout particulièrement Monsieur François Kajzar pour ses encouragements et les discussions scientifiques dont il m'a fait bénéficier, notamment sur les aspects fondamentaux de la technique de génération du troisième harmonique sur laquelle il a écrit de nombreuses publications de référence.
Je remercie Madame Anna Migalska-Zalas de l'Académie J. Dlugosz de Czestochowa (Pologne) pour m'avoir fait partager ses connaissances sur l'optique non linéaire à l'échelle moléculaire et sur le logiciel *HyperChem*.

Je tiens à remercier également Monsieur Jacek Niziol de l'Université des Sciences et Technologies de Cracovie (Pologne) pour m'avoir chaleureusement accueilli lors de la 9ème conférence ICFPAM (*International Conference on Frontiers of Polymers and Advanced Materials*) de juillet 2006.

Je tiens à remercier les doctorants et post-doctorants du laboratoire POMA pour les nombreuses heures passées ensemble à partager nos idées et pour avoir contribué à instaurer une atmosphère de travail toujours agréable et chaleureuse. Je pense en particulier à Guillaume Alombert-Goget, Karim Bouchouit, Abderrahmane Chaieb, Robert Czaplicki, Hassina Derbal, Beata Derkowska, Mohamed El Jouad, Zacaria Essaïdi, Adil Haboucha, Sohrab Ahmadi Kandjani, Oksana Krupka, Bohdan Kulyk, Zouhair Sofiani et Abdelillah Taouri.

Je remercie également tous les membres des laboratoires CIMA (Chimie, Ingénierie Moléculaire d'Angers - UMR CNRS 6200) et POMA de l'Université d'Angers avec qui j'ai eu la chance de travailler et en particulier Messieurs Christophe Cassagne, Dominique Guichaoua et Alain Mahot pour leur aide à surmonter les difficultés expérimentales.

Je remercie toutes les personnes qui, bien que n'étant pas citées ici, ont, de près ou de loin, contribué à l'aboutissement de ce travail de thèse.

Je voudrais dire un grand merci à tous ceux qui me sont chers, et en particulier à mes parents pour m'avoir toujours conforté dans mes choix et m'avoir permis de les mener à bien.

Enfin, ma pensée la plus profonde te revient, Muriel, pour avoir essayé pendant ces trois années de comprendre avec acharnement « à quoi ça pouvait bien servir... », et m'avoir souvent innocemment donné de bonnes idées. Je te dédie ce mémoire pour tes encouragements et ton soutien sans faille.

Table des matières

Introduction générale..3

Chapitre 1...7
    Propriétés optiques non linéaires

Chapitre 2..25
    Réseaux de surface photo-induits

Chapitre 3..45
    Complexes organométalliques à base de ruthénium

Chapitre 4..69
    Techniques expérimentales

Chapitre 5...109
    Résultats expérimentaux

Conclusion générale...159

Liste des travaux scientifiques..167

Introduction générale

Introduction générale

L'utilisation des premiers lasers, à partir de 1960, a rendu possible l'apparition de l'optique non linéaire (ONL) qui joue aujourd'hui un rôle de premier plan dans le développement des techniques laser et ouvre de nombreuses perspectives dans l'étude des mécanismes gouvernant l'interaction lumière-matière. L'étude des effets non linéaires, intéressante pour son potentiel d'applications, permet d'approfondir la caractérisation de nouveaux matériaux possédant de fortes propriétés ONL. Par ailleurs, la connaissance de ces phénomènes, qui se produisent dans des milieux excités par de la lumière laser, est un élément clé dans l'amélioration des performances des composants optoélectroniques. Le sujet de la présente thèse s'inscrit dans cette thématique de recherche et concerne l'étude des propriétés ONL et la structuration photo-induite de deux nouvelles séries de complexes organométalliques à base de ruthénium. Leur synthèse a été réalisée sous forme de poudre par le Dr Jean-Luc Fillaut de l'Université de Rennes 1 (Sciences chimiques de Rennes - UMR CNRS 6226). Ces complexes ont ensuite été caractérisés optiquement (en solution dans un solvant, sous forme de couches minces déposées sur un substrat de verre, ou encore incorporés dans une matrice de polymère) à l'aide de lasers pulsés fonctionnant en régime picoseconde. D'autre part, cette présente thèse s'inscrit dans la continuité des travaux de thèse du Dr Anna Migalska-Zalas portant sur l'étude des propriétés ONL de deux autres séries de complexes organométalliques : « *Etude des effets optiques photo-induits du deuxième et troisième ordre dans des complexes acétylures à base de ruthénium* » (thèse réalisée de 2003 à 2006).

Les complexes organométalliques sont constitués d'un ou plusieurs atomes métalliques associés à des molécules organiques. Leur composition leur confère des qualités qui intéressent chercheurs et industriels : particulièrement réactifs en présence d'oxygène, catalyseurs de réactions chimiques ou substituts de produits hautement toxiques, ils possèdent également des propriétés pouvant être mises à profit en ONL. Par exemple, les complexes organométalliques acétylures, très étudiés en ONL et possédant de multiples liaisons métal-carbone, génèrent un fort couplage entre le métal et le chemin organique π-conjugué, et présentent par conséquent de fortes non-linéarités optiques. Les complexes étudiés dans cette

Introduction générale

thèse ont été fonctionnalisés en ce sens autour d'un fort donneur ruthénium-acétylure directement incorporé dans le même plan que celui d'un système π-conjugué étendu. Les travaux menés sur ces complexes ont eu notamment pour but d'étudier l'influence de différents transmetteurs et accepteurs sur leurs propriétés ONL du deuxième et troisième ordre. Le second objectif principal de cette thèse a été d'étudier la dynamique de formation de réseaux de surface photo-induits en régime picoseconde sur des couches minces de nouveaux complexes organométalliques acétylures de ruthénium pourvus d'un fragment azobenzène connu pour être à l'origine de la formation des réseaux de surface. Les mécanismes responsables de la formation des réseaux de surface ou SRGs (pour *Surface Relief Gratings* en anglais) sont encore loin d'être tous compris par la communauté scientifique. Cependant, les réseaux de surface continuent à susciter un grand nombre de travaux de recherche de part leur potentiel d'applications comme par exemple pour le traitement d'images, le couplage dans des guides d'ondes ou encore le stockage optique de données.

La présente thèse se décompose en cinq chapitres.

Le premier chapitre introduit quelques généralités sur l'ONL nécessaires à la compréhension des éléments contenus dans la suite du mémoire.

Le second chapitre développe le principe et les diverses applications de l'holographie dynamique, la description des régimes de diffraction de Raman-Nath et de Bragg, et présente les principaux phénomènes physiques et modèles théoriques décrivant les mécanismes à l'origine de la formation des réseaux de surface photo-induits.

Le troisième chapitre décrit un bref état de l'art sur les complexes organométalliques et leur utilisation en ONL avant de présenter les structures chimiques de deux séries de complexes organométalliques à base de ruthénium.

Le quatrième chapitre présente les diverses techniques expérimentales utilisées dans le cadre de cette thèse (DFWM, DTWM, SHG, THG, Z-scan) afin d'étudier les propriétés ONL et la structuration photo-induite de ces nouveaux complexes organométalliques.

Enfin, les résultats expérimentaux obtenus sont exposés et discutés dans le cinquième et dernier chapitre.

Chapitre 1

Propriétés optiques non linéaires

Chapitre 1

Table des matières

1. Ondes électromagnétiques 9

2. Absorption de la lumière 10

3. Equation d'onde en ONL 11

4. Polarisation macroscopique 12

5. Susceptibilités électriques non linéaires 15

    5.1. Tenseur de la susceptibilité électrique non linéaire du second ordre $\chi^{<2>}$ *15*

    5.2. Tenseur de la susceptibilité électrique non linéaire du troisième ordre $\chi^{<3>}$ *17*

6. Polarisation microscopique 21

7. Conclusion du chapitre 22

Liste des Figures

Figure 1.1 : Représentation géométrique de la propagation des ondes fondamentale et de second harmonique (*libre* et *forcée*) dans un matériau non linéaire 17

Figure 1.2 : Description photonique de deux processus pouvant avoir lieu lorsque trois ondes incidentes interagissent dans un matériau non linéaire 19

Liste des Tableaux

Tableau 1.1 : Relations entre les indices de contraction jk et l 16

Chapitre 1

Propriétés optiques non linéaires

Les phénomènes optiques que nous percevons dans notre vie quotidienne, relèvent d'interactions entre la lumière et la matière. Les interactions classiques comme la diffusion, la réfraction, la réflexion s'effectuent dans le domaine de l'optique linéaire. Dans ce cas, l'intensité lumineuse transmise est proportionnelle à l'intensité lumineuse incidente. Cela n'est plus vérifié pour de fortes intensités lumineuses comme celles produites par les lasers. Les propriétés optiques peuvent alors varier en fonction du carré, du cube ou des puissances supérieures de l'intensité de l'onde incidente : il s'agit du domaine de l'optique non linéaire (ONL). Dans ce chapitre, nous allons décrire quelques généralités sur l'ONL nécessaires à la suite de la lecture de ce manuscrit et présenter une description des propriétés ONL en insistant sur les paramètres ONL du second et troisième ordre.

1. Ondes électromagnétiques

Les ondes lumineuses sont des ondes électromagnétiques. Dans le vide, une telle onde est classiquement représentée par un couple de champs de vecteurs : le champ électrique $\vec{E}$ (exprimé en V.m^{-1}) et le champ magnétique $\vec{H}$ (exprimé en A.m^{-1}). Ces deux champs ne sont pas indépendants, leur relation faisant notamment intervenir les caractéristiques du milieu de propagation. La direction définie par le champ électrique s'appelle la direction de polarisation de l'onde électromagnétique. Lorsqu'une onde électromagnétique se propage dans un milieu matériel homogène, les champs lumineux ont pour effets possibles d'induire dans la matière une polarisation $\vec{P}$, une aimantation $\vec{M}$ et une densité de courant $\vec{J}$ [**Bor86, Yar03**]. Dans ce travail, les matériaux sont considérés non magnétiques, c'est-à-dire sans aimantation induite, et sont tous des diélectriques pour lesquels la densité de courant induite est nulle. Le seul effet est finalement de nature électrique et se traduit par l'apparition d'une polarisation du matériau sous l'influence du champ électrique de l'onde. Ce nouveau champ de polarisation $\vec{P}$ est localisé dans le milieu diélectrique et peut avoir plusieurs origines dont les principales sont les suivantes :

- la polarisation *électronique* traduit la modification de la répartition des charges internes à chaque atome ; sous l'effet du champ électrique, les barycentres des charges positives du noyau et négatives du nuage électronique se dissocient, donnant naissance à un moment dipolaire induit,
- la polarisation *ionique* correspond, sous l'effet du champ électrique, au déplacement des ions au sein de l'édifice auquel ils appartiennent,
- la polarisation *d'orientation* apparaît lorsque le milieu comporte des entités polaires dont le moment dipolaire est susceptible d'être réorienté sous l'action du champ électrique.

Dans certains milieux ordonnés, certaines propriétés optiques fondamentales ne sont plus les mêmes dans toutes les directions de l'espace. Ces milieux sont alors désignés comme optiquement anisotropes. Pour ces matériaux, les tenseurs de susceptibilité électrique linéaire, de permittivité diélectrique relative et d'indice de réfraction ne peuvent pas s'écrire sous forme scalaire, comme c'est le cas pour les matériaux optiquement isotropes [**Bou03**]. Ce sont en fait des tenseurs de rang 2, qui présentent des propriétés hermitiennes assurant notamment qu'il existe toujours une base orthogonale dans laquelle leurs expressions sont diagonales.

2. Absorption de la lumière

La loi de Beer-Lambert, aussi connue comme la loi de Beer-Lambert-Bouguer et chez les francophones parfois même simplement comme la loi de Bouguer, est une relation empirique reliant l'absorption de la lumière aux propriétés du milieu qu'elle traverse. La loi de Beer-Lambert établit une proportionnalité entre la concentration d'une entité chimique en solution, l'absorbance de celle-ci et la longueur du trajet parcouru par la lumière dans la solution. Cette loi fut découverte par Pierre Bouguer en 1729 puis reprise par Lambert en 1760 et finalement Beer en 1852 y introduisit la concentration, lui donnant la forme sous laquelle elle est le plus souvent utilisée.

L'intensité d'un rayonnement électromagnétique de longueur d'onde λ traversant un milieu subit une diminution exponentielle en fonction de la nature chimique du milieu traversé et de la longueur du chemin optique parcouru dans ce milieu :

$$I = I_0 \, e^{-\alpha l} \qquad (1.1)$$

où α désigne le coefficient d'absorption linéaire du milieu (en cm^{-1}) et l l'épaisseur du milieu traversé (en cm).

Dans un milieu homogène et isotrope, la loi de Beer-Lambert peut également s'exprimer ainsi :

$$A = -log\left(\frac{I}{I_0}\right) = -log(T) = \varepsilon l C \qquad (1.2)$$

où T désigne la transmittance de la solution (sans unité), A l'absorbance (sans unité), ε le coefficient absorption molaire (en L.mol^{-1}.cm^{-1}) s'exprimant à λ et T données, et C la concentration molaire de la solution (en mol.L^{-1}).

Dans certains cas, lorsque le milieu est fortement absorbant à la longueur d'onde λ, l'absorption peut prendre un caractère non linéaire et l'expression de la transmittance devient alors :

$$T = \frac{\alpha e^{-\alpha l}}{\alpha + \beta I_0 (1 - e^{-\alpha l})} \qquad (1.3)$$

où β désigne le coefficient d'absorption non linéaire (en cm.GW^{-1}).

3. Equation d'onde en ONL

La lumière ou plus généralement l'onde électromagnétique se propageant dans un milieu matériel est décrite par les équations de Maxwell. Celles-ci s'écrivent, dans le système d'unités CGS, sous la forme [**Blo65**] :

$$\begin{cases} div(\vec{D}) = \vec{\nabla}.\vec{D} = 4\pi\rho \\ div(\vec{B}) = \vec{\nabla}.\vec{B} = 0 \\ \overrightarrow{rot}(\vec{E}) = \vec{\nabla}\times\vec{E} = -\frac{1}{c}\frac{\partial \vec{B}}{\partial t} \\ \overrightarrow{rot}(\vec{H}) = \vec{\nabla}\times\vec{H} = \frac{4\pi}{c}\vec{J} + \frac{1}{c}\frac{\partial \vec{D}}{\partial t} \end{cases} \qquad (1.4)$$

où $\vec{D}$ et $\vec{B}$ désignent respectivement les vecteurs de l'induction électrique et magnétique, $\vec{E}$ et $\vec{H}$ les champs électrique et magnétique, $\vec{J}$ le vecteur densité de courant, ρ la densité de charge et c la vitesse de la lumière dans le vide.

Les milieux étudiés étant sans charge et électriquement neutre, ρ et $\vec{J}$ sont nulles. Les équations de Maxwell se réduisent alors à :

$$\begin{cases} \vec{\nabla}.\vec{D} = 0 \\ \vec{\nabla}.\vec{B} = 0 \\ \vec{\nabla}\times\vec{E} = -\frac{1}{c}\frac{\partial \vec{B}}{\partial t} \\ \vec{\nabla}\times\vec{H} = \frac{1}{c}\frac{\partial \vec{D}}{\partial t} \end{cases} \qquad (1.5)$$

Ces équations sont complétées par les équations de constitution sous la forme :

$$\vec{D} = \vec{E} + 4\pi\vec{P} \quad \text{et} \quad \vec{B} = \vec{H} + 4\pi\vec{M} \tag{1.6}$$

où $\vec{P}$ et $\vec{M}$ désignent respectivement les polarisations électrique et magnétique. Les milieux étudiés étant des diélectriques non magnétiques, $\vec{M}$ est nul. On a alors $\vec{B} = \vec{H}$. On peut alors en déduire la relation suivante :

$$\vec{\nabla} \times \vec{\nabla} \times \vec{E} + \frac{1}{c^2} \frac{\partial^2 \vec{D}}{\partial t^2} = 0 \tag{1.7}$$

En remplaçant le vecteur de l'induction électrique $\vec{D}$ par son expression, nous obtenons l'équation d'onde en ONL [**Blo65**] :

$$\vec{\nabla} \times \vec{\nabla} \times \vec{E} + \frac{1}{c^2} \frac{\partial^2 \vec{E}}{\partial t^2} = -\frac{4\pi}{c^2} \frac{\partial^2 \vec{P}}{\partial t^2} \tag{1.8}$$

4. Polarisation macroscopique

La bonne caractérisation de la polarisation d'un milieu est indispensable si l'on veut pouvoir modéliser correctement les processus non linéaires qui sont en jeu dans un dispositif expérimental. L'état de polarisation du milieu étudié dépend de l'onde électromagnétique incidente mais surtout de la susceptibilité, ou fonction réponse, du milieu. En effet, lorsque la lumière traverse un milieu matériel, il se produit des échanges d'énergie entre lumière et matière. Aux faibles intensités lumineuses, ces interactions se traduisent en particulier par la modification de la vitesse de phase de la lumière et par divers phénomènes de diffusion (Brillouin, Raman, Rayleigh).

L'interaction de la matière avec un champ électrique $\vec{E}$ est liée à la force de Lorentz : les charges positives qui constituent la matière (noyaux) se déplacent sous l'action de cette force dans le sens du champ électrique alors que les charges négatives (électrons) se déplacent en sens inverse. L'action du champ consiste ainsi à écarter symétriquement de leur position d'équilibre, les charges de signe opposé. Le champ électrique induit donc des dipôles électriques et polarise la matière. La relation liant la polarisation au champ électrique s'écrit [**Boy92, She84**] :

$$\vec{P}_i(\vec{r},t) = \chi_{ij}^{<1>} \vec{E}_j(\vec{r},t) \tag{1.9}$$

où $\chi_{ij}^{<1>}$ désigne la susceptibilité électrique linéaire du milieu, souvent notée χ. Dans ces conditions, la lumière se propage selon l'équation suivante :

$$\vec{\nabla}^2 \vec{E} - \frac{\varepsilon}{c^2} \frac{\partial^2 \vec{E}}{\partial t^2} = 0 \tag{1.10}$$

où ε désigne la permittivité diélectrique ($\varepsilon = 1 + 4\pi\chi$).

En considérant une onde plane monochromatique, les solutions de l'équation 1.10 sont du type :

$$\vec{E} = \vec{E}_0 \, e^{(i\vec{k}z - \omega t)} \tag{1.11}$$

où l'amplitude du vecteur d'onde constant $\vec{k}$ est désignée par la relation :

$$k^2 = \varepsilon \frac{\omega^2}{c^2} \tag{1.12}$$

Dans le cas d'un milieu sans perte, χ et ε sont réels. L'introduction de la vitesse de propagation dans le milieu par l'expression $k^2 = \omega^2 / v^2$ conduit à l'indice de réfraction linéaire n_0 du milieu :

$$n_0 = \frac{c}{v} = \sqrt{\varepsilon} \tag{1.13}$$

D'après les termes de l'expression 1.9, il résulte de l'hypothèse de réponse locale et instantanée du milieu matériel que le moment dipolaire, induit au point $\vec{r}$ et à l'instant t, dépend essentiellement de la valeur instantanée de l'intensité du champ électrique en ce point. Lorsque le champ électrique est celui de la lumière, il peut être modélisé comme une onde électromagnétique oscillant à très haute fréquence. Ce champ électrique engendre alors la création d'un ensemble de dipôles oscillants à la fréquence optique. Si l'onde lumineuse est supposée assez intense pour que l'amplitude du champ électrique incident soit non négligeable face à l'amplitude du champ électrique atomique ($\approx 10^{10}$ V.m^{-1}), alors le champ électrique incident écarte les charges de plus en plus loin de leur position d'équilibre. On peut faire une description simple de ce phénomène par une analogie mécanique en représentant cette liaison par un ressort reliant la masse du noyau à celle de l'électron. Lorsque l'on tire modérément et périodiquement sur ce ressort (on applique un champ électrique), l'allongement de ce dernier est proportionnel à la force appliquée (le moment dipolaire est proportionnel au champ électrique). Si l'on tire trop fort ou que la fréquence est résonnante avec celle du système, l'allongement devient une fonction non linéaire de la force appliquée. Dans ces conditions, la relation reliant l'allongement à la force peut être développée en puissances de la force. De même, dans le système d'unités CGS, la polarisation $\vec{P}$ se développe en puissances du champ électrique comme [**Fuk03, Sah96, San99**] :

$$\vec{P} = P_i(\vec{r},t) = \chi_{ij}^{<1>} E_j(\vec{r},t) + \chi_{ijk}^{<2>} E_j E_k(\vec{r},t) + \chi_{ijkl}^{<3>} E_j E_k E_l(\vec{r},t) + \dots \tag{1.14}$$

où :

- $\chi_{ij}^{<1>}$ désigne la susceptibilité électrique linéaire du premier ordre (tenseur de rang 2) et décrit les phénomènes de l'optique linéaire (réflexion, réfraction et diffusion de la lumière, …). Les parties réelle et imaginaire sont respectivement liées à l'indice de réfraction linéaire n_0 et à l'absorption linéaire du matériau α,

- $\chi_{ijk}^{<2>}$ la susceptibilité électrique non linéaire du second ordre (tenseur de rang 3 et nul dans des milieux centrosymétriques) et décrit les effets non linéaires du deuxième ordre (l'effet Pockels, la génération de second harmonique, …).

- $\chi_{ijkl}^{<3>}$ la susceptibilité électrique non linéaire du troisième ordre (tenseur de rang 4) et décrit les effets non linéaires du troisième ordre. Les parties réelle et imaginaire sont respectivement liées à l'indice de réfraction non linéaire n_2 et à l'absorption à deux photons β (l'effet Kerr optique, la génération de troisième harmonique, …).

- $\chi_{ijkl}^{<n>}$ la susceptibilité électrique non linéaire du $n^{ième}$ ordre (tenseur de rang n+1) et décrit les effets non linéaires du $n^{ième}$ ordre.

- et E_j, E_k, E_l les composantes spatiales de l'intensité du champ électrique.

Dans ce travail, nous nous sommes intéressés particulièrement aux termes $\chi_{ijk}^{<2>}$ et $\chi_{ijkl}^{<3>}$ qui représentent les interactions non linéaires du deuxième et troisième ordre. Ces interactions ont pu être observées seulement après l'apparition des premiers lasers car, auparavant, l'intensité des ondes lumineuses utilisées et disponibles était trop faible pour que ces interactions se manifestent. En 1961, Franken [**Fra61**] a mis en évidence le premier phénomène ONL en obtenant la génération du second harmonique de l'émission d'un laser à rubis par un cristal de quartz avec un flux lumineux incident d'environ 10 MW.cm^{-2} (effet exprimé par $\chi_{ijk}^{<2>}$). Ses travaux ont marqué le début d'une grande activité dans le domaine de l'ONL.

5. Susceptibilités électriques non linéaires

5.1. Tenseur de la susceptibilité électrique non linéaire du second ordre $\chi^{<2>}$

Si l'on considère une onde plane électromagnétique monochromatique, se propageant selon z à la pulsation ω de la forme $E(z,t) = E(z)e^{-i\omega t} + c.c.$ (où $c.c.$ est le complexe conjugué) qui pénètre dans un milieu non centrosymétrique, la polarisation non linéaire du deuxième ordre s'écrit alors :

$$\vec{P}_{2\omega}^{NL} = \varepsilon_0 \chi^{<2>} \vec{E}_\omega \vec{E}_\omega \qquad (1.15)$$

ou encore :

$$P_{2\omega}^{NL}(t) = 2\varepsilon_0 \chi^{<2>} EE^* + \varepsilon_0 \chi^{<2>} \left(E^2 e^{-2i\omega t} + c.c. \right) \qquad (1.16)$$

On voit apparaître une contribution à la pulsation 2ω à l'origine de la génération du second harmonique. La susceptibilité électrique non linéaire du deuxième ordre $\chi^{<2>}$ est en réalité un tenseur de rang trois constitué de 27 composantes χ_{ijk} suivant les axes (x,y,z) du repère optique. Les composantes du tenseur présentent une invariance lors de la permutation des indices j et k. En effet, la commutativité des produits $E_j(\omega)E_k(\omega) = E_k(\omega)E_j(\omega)$ permet de réduire le nombre de composantes indépendantes à un nombre égal à 18 et d'écrire la polarisation sous la forme :

$$\begin{bmatrix} P_x^{NL} \\ P_y^{NL} \\ P_z^{NL} \end{bmatrix} = \varepsilon_0 \begin{bmatrix} \chi_{111} & \chi_{122} & \chi_{133} & \chi_{123} & \chi_{113} & \chi_{112} \\ \chi_{211} & \chi_{222} & \chi_{233} & \chi_{223} & \chi_{213} & \chi_{212} \\ \chi_{311} & \chi_{322} & \chi_{333} & \chi_{323} & \chi_{313} & \chi_{312} \end{bmatrix} \begin{bmatrix} E_x^2(\omega) \\ E_y^2(\omega) \\ E_z^2(\omega) \\ 2E_y(\omega)E_z(\omega) \\ 2E_x(\omega)E_z(\omega) \\ 2E_x(\omega)E_y(\omega) \end{bmatrix} \qquad (1.17)$$

Dans le domaine de pulsation situé hors résonance d'absorption, Kleinman a démontré que le tenseur $\chi^{<2>}$ est symétrique par rapport aux permutations des trois indices ijk [**Kle62**]. On obtient alors les relations suivantes :

$$\chi_{ijk} = \chi_{ikj} = \chi_{jik} = \chi_{jki} = \chi_{kij} = \chi_{kji} \qquad (1.18)$$

et seules 10 composantes du tenseur restent indépendantes. Les composantes de la polarisation $P_{2\omega}^{NL}$ dans le repère optique (x,y,z) s'écrivent alors sous la forme matricielle :

$$\begin{bmatrix} P_x^{NL} \\ P_y^{NL} \\ P_z^{NL} \end{bmatrix} = \varepsilon_0 \begin{bmatrix} \chi_{111} & \chi_{122} & \chi_{133} & \chi_{123} & \chi_{113} & \chi_{112} \\ \chi_{112} & \chi_{222} & \chi_{233} & \chi_{223} & \chi_{123} & \chi_{122} \\ \chi_{113} & \chi_{223} & \chi_{333} & \chi_{233} & \chi_{133} & \chi_{123} \end{bmatrix} \begin{bmatrix} E_x^2(\omega) \\ E_y^2(\omega) \\ E_z^2(\omega) \\ 2E_y(\omega)E_z(\omega) \\ 2E_x(\omega)E_z(\omega) \\ 2E_x(\omega)E_y(\omega) \end{bmatrix} \quad (1.19)$$

Il est courant d'employer la notation contractée d_{il} au lieu des composantes du tenseur de susceptibilité non linéaire du deuxième ordre : $\chi_{ijk} = 2d_{il}$ où jk et l sont reliés comme indiqué dans le tableau 1.1 suivant [**Gue90**] :

jk	11	22	33	23=32	13=31	12=21
l	1	2	3	4	5	6

Tableau 1.1 : Relations entre les indices de contraction jk et l

En utilisant cette notation, nous pouvons réécrire l'expression 1.19 comme :

$$\begin{bmatrix} P_x^{NL} \\ P_y^{NL} \\ P_z^{NL} \end{bmatrix} = 2\varepsilon_0 \begin{bmatrix} d_{11} & d_{12} & d_{13} & d_{14} & d_{15} & d_{16} \\ d_{16} & d_{22} & d_{23} & d_{24} & d_{14} & d_{12} \\ d_{15} & d_{24} & d_{33} & d_{23} & d_{13} & d_{14} \end{bmatrix} \begin{bmatrix} E_x^2(\omega) \\ E_y^2(\omega) \\ E_z^2(\omega) \\ 2E_y(\omega)E_z(\omega) \\ 2E_x(\omega)E_z(\omega) \\ 2E_x(\omega)E_y(\omega) \end{bmatrix} \quad (1.20)$$

Considérons maintenant une onde plane monochromatique se propageant dans un milieu linéaire d'indice n_0 et de vecteur d'onde $\vec{k_0}$ (voir figure 1.1). Lorsqu'elle pénètre dans un matériau non linéaire d'indice n, cette onde, de vecteur d'onde $\vec{k_1}$, va créer localement une polarisation macroscopique présentant, entre autre, une composante oscillant à la pulsation 2ω. Cette onde de polarisation ou *onde forcée*, de pulsation 2ω, possède un vecteur d'onde $\vec{k_p}$ dont l'amplitude est exprimée de la manière suivante [**Bra97**] :

$$k_p = 2k_1 = \frac{2\omega}{c} n(\omega) \quad (1.21)$$

Elle se propage donc de manière colinéaire et à la même vitesse que l'onde à la fréquence fondamentale ω :

$$\vec{P}_{2\omega}^{NL} = \varepsilon_0 \left[\chi^{<2>} E(\omega) E(\omega) \right] e^{ik_p z} \quad (1.22)$$

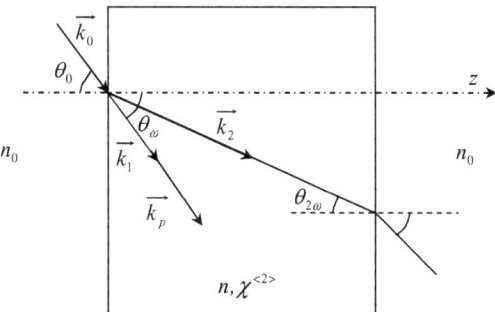

Figure 1.1 : Représentation géométrique de la propagation des ondes fondamentale et de second harmonique (*libre* et *forcée*) dans un matériau non linéaire

S'il est délicat de parler de propagation pour une *onde forcée*, la résolution des équations de Maxwell montre l'existence d'une *onde libre* de polarisation se propageant à la fréquence 2ω avec un vecteur d'onde $\vec{k}_2$ [**But90, Her95**]. Ces deux ondes *libre* et *forcée* vont donc interférer tout au long de leur propagation au sein du matériau. Le transfert d'énergie $\omega \rightarrow 2\omega$ sera maximal lorsque ces deux ondes oscilleront en phase, c'est-à-dire lorsque $\vec{k}_2 = \vec{k}_p$ soit $\vec{k}_2 = 2\vec{k}_1$. C'est la *condition d'accord de phase* (ou *phase matching* en anglais).

5.2. Tenseur de la susceptibilité électrique non linéaire du troisième ordre $\chi^{<3>}$

Si l'on prend en considération la situation où trois ondes planes monochromatiques se propagent dans un milieu matériel (comme c'est le cas, comme nous le verrons plus tard, du processus d'interaction des ondes incidentes dans la technique expérimentale du mélange quatre ondes dégénéré), on peut décrire leur champ électrique sous la forme :

$$\vec{E}(t) = \vec{E}_1 e^{-i\omega_1 t} + \vec{E}_2 e^{-i\omega_2 t} + \vec{E}_3 e^{-i\omega_3 t} + c.c. \qquad (1.23)$$

Dans ce cas, la polarisation électrique non linéaire du troisième ordre du milieu $P_i^{<3>}(t) = \chi_{ijkl}^{<3>} E_j E_k E_l(t)$ contient 44 composantes dont 22 aux fréquences positives suivantes (c'est-à-dire les 22 composantes dont la direction est la même que la direction de propagation des ondes) :

$$\begin{array}{l} \omega_1, \omega_2, \omega_3, 3\omega_1, 3\omega_2, 3\omega_3, (\omega_1 + \omega_2 + \omega_3), (\omega_1 + \omega_2 - \omega_3), \\ (\omega_1 + \omega_3 - \omega_2), (\omega_2 + \omega_3 - \omega_1), (2\omega_1 \pm \omega_2), (2\omega_1 \pm \omega_3), \\ (2\omega_2 \pm \omega_1), (2\omega_2 \pm \omega_3), (2\omega_3 \pm \omega_1), (2\omega_3 \pm \omega_2) \end{array} \qquad (1.24)$$

et 22 aux fréquences de signe contraire. On peut maintenant représenter la polarisation non linéaire sous la forme d'une somme :

$$\vec{P}^{<3>}(t) = \sum_n \vec{P}(\omega_n) e^{-i\omega_n t} \qquad (1.25)$$

Dans le cas des milieux isotropes, l'interaction non linéaire des ondes électromagnétiques n'apparaît qu'après avoir pris en considération la polarisation électrique non linéaire du troisième ordre écrite sous la forme :

$$P_i^{<3>}(\vec{r},t) = \chi_{ijkl}^{<3>} E_j E_k E_l(\vec{r},t) \qquad (1.26)$$

Les composantes du tenseur $\chi_{ijkl}^{<3>}$ sont non nulles même dans le cas des milieux isotropes. Nous avons donc la relation suivante :

$$\chi_{ijkl}^{<3>} = \chi_{xxyy}^{<3>} \delta_{ij}\delta_{kl} + \chi_{xyxy}^{<3>} \delta_{ik}\delta_{jl} + \chi_{xyyx}^{<3>} \delta_{il}\delta_{kj} \qquad (1.27)$$

où δ_{ij} désigne le tenseur isotrope de rang 2. Par conséquent :

$$\chi_{iiii}^{<3>} = \chi_{jjjj}^{<3>} = \chi_{kkkk}^{<3>} = \chi_{xxyy}^{<3>} + \chi_{xyxy}^{<3>} + \chi_{xyyx}^{<3>} \qquad (1.28)$$

L'interaction de trois ondes électromagnétiques incidentes de fréquences $\omega_1, \omega_2, \omega_3$, associées respectivement aux vecteurs d'ondes $\vec{k}_1, \vec{k}_2, \vec{k}_3$, avec un milieu non linéaire génère une polarisation du troisième ordre qui s'écrit sous la forme :

$$P_i^{<3>}(\omega_4, \vec{k}_4) = \chi_{ijkl}^{<3>}(-\omega_4, \omega_1, \omega_2, \omega_3) E_j(\omega_1, \vec{k}_1) E_k(\omega_2, \vec{k}_2) E_l(\omega_3, \vec{k}_3) \qquad (1.29)$$

à condition de satisfaire aux principes de conservation d'énergie et d'accord de phase :

$$\omega_4 = \omega_1 + \omega_2 + \omega_3 \quad \text{et} \quad \vec{k}_4 = \vec{k}_1 + \vec{k}_2 + \vec{k}_3 \qquad (1.30)$$

Le tenseur de la susceptibilité du troisième ordre $\chi_{ijkl}^{<3>}$ dépend des fréquences des champs électriques appliqués interagissant avec le milieu et les composantes spatiales de la polarisation non linéaire peuvent alors s'écrire sous la forme :

$$P_i^{<3>}(\omega_4) = K\chi_{ijkl}^{<3>}(-\omega_4, \omega_1, \omega_2, \omega_3) E_j(\omega_1) E_k(\omega_2) E_l(\omega_3) \qquad (1.31)$$

où les indices i, j, k, l peuvent prendre les valeurs x, y, z, et K désigne le facteur de dégénérescence ayant pour valeurs :

$$K = \begin{cases} 1 & \text{si } \omega_1 = \omega_2 = \omega_3 \\ 3 & \text{si } \omega_1 = \omega_2 \neq \omega_3 \\ 6 & \text{si } \omega_1 \neq \omega_2 \neq \omega_3 \end{cases} \qquad (1.32)$$

Les coefficients 1, 3, 6 décrits ci-dessus proviennent du nombre de permutations des champs appliqués qui introduisent un apport à la composante du champ électrique à la fréquence considérée. La polarisation électrique non linéaire du troisième ordre qui est fonction dans ce cas de la somme des fréquences $\omega_4 = \omega_1 + \omega_2 + \omega_3$, est la source d'une nouvelle onde à la fréquence ω_4. Les amplitudes complexes de la polarisation $P(\omega_n)$ pour les fréquences positives peuvent s'écrire :

$$\begin{aligned}
P(\omega_1) &= \chi^{<3>}(3E_1E_1^* + 6E_2E_2^* + 6E_3E_3^*)E_1 & P(2\omega_1 + \omega_3) &= 3\chi^{<3>}E_1^2E_3 \\
P(\omega_2) &= \chi^{<3>}(6E_1E_1^* + 3E_2E_2^* + 6E_3E_3^*)E_2 & P(2\omega_2 + \omega_3) &= 3\chi^{<3>}E_2^2E_3 \\
P(\omega_3) &= \chi^{<3>}(6E_1E_1^* + 6E_2E_2^* + 3E_3E_3^*)E_3 & P(2\omega_3 + \omega_2) &= 3\chi^{<3>}E_3^2E_2 \\
P(3\omega_1) &= \chi^{<3>}E_1^3 & P(2\omega_1 - \omega_3) &= 3\chi^{<3>}E_1^2E_3^* \\
P(3\omega_2) &= \chi^{<3>}E_2^3 & P(2\omega_3 + \omega_1) &= 3\chi^{<3>}E_3^2E_1 \\
P(3\omega_3) &= \chi^{<3>}E_3^3 & P(2\omega_1 - \omega_2) &= 3\chi^{<3>}E_1^2E_2^* & (1.33)\\
P(\omega_1 + \omega_2 + \omega_3) &= 6\chi^{<3>}E_1E_2E_3 & P(2\omega_2 - \omega_1) &= 3\chi^{<3>}E_2^2E_1^* \\
P(\omega_1 + \omega_2 - \omega_3) &= 6\chi^{<3>}E_1E_2E_3^* & P(2\omega_3 - \omega_1) &= 3\chi^{<3>}E_3^2E_1^* \\
P(\omega_1 + \omega_3 - \omega_2) &= 6\chi^{<3>}E_1E_2^*E_3 & P(2\omega_2 - \omega_3) &= 3\chi^{<3>}E_2^2E_3^* \\
P(2\omega_1 + \omega_2) &= 3\chi^{<3>}E_1^2E_2 & P(2\omega_3 - \omega_2) &= 3\chi^{<3>}E_3^2E_2^* \\
P(2\omega_2 + \omega_1) &= 3\chi^{<3>}E_1E_2^2 \\
P(\omega_2 + \omega_3 - \omega_1) &= 6\chi^{<3>}E_2E_3E_1^*
\end{aligned}$$

Les composantes particulières de la polarisation sont responsables de différents effets non linéaires qui se produisent dans le milieu. La figure 1.2 illustre, à titre d'exemples, deux processus se produisant dans un matériau non linéaire dans lequel se propagent trois ondes électromagnétiques.

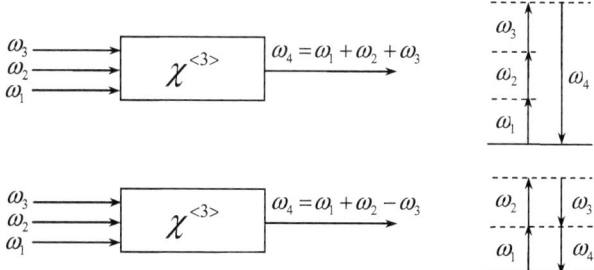

Figure 1.2 : Description photonique de deux processus pouvant avoir lieu lorsque trois ondes incidentes interagissent dans un matériau non linéaire

Le tenseur de la susceptibilité électrique du troisième ordre est une grandeur qui décrit les effets optiques du troisième ordre au niveau macroscopique. Comme nous l'avons déjà précisé auparavant, $\chi_{ijkl}^{<3>}$ est un tenseur de rang 4. Il a donc, au total, 81 composantes. Déterminer la susceptibilité non linéaire d'un milieu revient à déterminer toutes les composantes du tenseur. Dans le cadre de cette thèse, l'étude se limitera à des milieux supposés isotropes (toutes les directions sont équivalentes) et à des processus non résonnants (symétrie de Kleinman) [**Kle62**]. Toutes ces propriétés de symétrie permettent de réduire le nombre de composantes du tenseur $\chi_{ijkl}^{<3>}$. Dans le cas de milieux isotropes, le tenseur $\chi_{ijkl}^{<3>}$ possède les caractéristiques suivantes de symétrie :

$$\chi_{xxxx} = \chi_{yyyy} = \chi_{zzzz} = \chi_{xxyy} + \chi_{xyxy} + \chi_{xyyx}$$
$$\chi_{yyzz} = \chi_{zzyy} = \chi_{zzxx} = \chi_{xxzz} = \chi_{xxyy} = \chi_{yyxx} \qquad (1.34)$$
$$\chi_{yzyz} = \chi_{zyzy} = \chi_{zxzx} = \chi_{xzxz} = \chi_{xyxy} = \chi_{yxyx}$$
$$\chi_{yzzy} = \chi_{zyyz} = \chi_{zxxz} = \chi_{xzzx} = \chi_{xyyx} = \chi_{yxxy}$$

Dans le cas de milieux isotropes, le tenseur de la susceptibilité non linéaire du troisième ordre ne possède donc que trois composantes indépendantes : χ_{xxyy}, χ_{xyxy}, et χ_{xyyx}.

Généralement, les composantes du tenseur de la susceptibilité électrique non linéaire du troisième ordre sont complexes [**Boy92**] :

$$\chi^{<3>} = \chi'^{<3>} + i\chi''^{<3>} \qquad (1.35)$$

où :

- $\chi'^{<3>}$ désigne la partie réelle du tenseur de la susceptibilité électrique non linéaire du troisième ordre responsable des variations non linéaires de l'indice de réfraction, ce qui conduit à la relation suivante :

$$\chi'^{<3>} = \left(\frac{4n_0^2 \varepsilon_0 c}{3}\right) n_2 \qquad (1.36)$$

où n_2 désigne l'indice de réfraction non linéaire du milieu.

- et $\chi''^{<3>}$ désigne la partie imaginaire du tenseur de la susceptibilité électrique non linéaire du troisième ordre liée aux phénomènes d'absorption non linéaire de la lumière et aux diffusions stimulées, ce qui conduit à la relation suivante :

$$\chi''^{<3>} = \left(\frac{n_0^2 \varepsilon_0 c \lambda}{3\pi}\right) \beta \qquad (1.37)$$

où β désigne le coefficient d'absorption non linéaire du milieu.

Dans le cas de l'étude des propriétés ONL de milieux isotropes soumis à l'action d'impulsions laser de courtes durées (comme par exemple dans notre cas, quelques picosecondes), on peut considérer que seulement deux effets contribuent à la susceptibilité électrique non linéaire du troisième ordre (en effet dans ce cas, les effets électrostrictifs et

thermiques possédant des temps de réponse plus lents sont le plus souvent considérés comme négligeables) :
- la déformation du nuage électronique,
- les mouvements de la molécule (translations, rotations, vibrations).

De plus, lorsque l'approximation Born-Oppenheimer est valable, c'est-à-dire lorsque la fréquence du faisceau incident est éloignée des fréquences de résonance du milieu, on peut séparer les contributions dues à la déformation du nuage électronique de celles dues aux mouvements de la molécule. Par conséquent, on peut écrire la susceptibilité électrique non linéaire du troisième ordre sous la forme de la somme arithmétique de deux termes :

$$\chi^{<3>} = \chi^{<3>el} + \chi^{<3>m} \qquad (1.38)$$

où $\chi^{<3>el}$ désigne la composante électronique liée à la déformation du nuage électronique et $\chi^{<3>m}$ la composante moléculaire liée aux mouvements de la molécule. De plus, les composantes du tenseur pour les milieux supposés isotropes satisfont aux relations suivantes [**Bou94, Sah00**] :

$$\chi^{<3>el}_{xxxx} = 3\chi^{<3>el}_{xxyy} = 3\chi^{<3>el}_{yxyx} = 3\chi^{<3>el}_{yxxy} \qquad (1.39)$$

$$\chi^{<3>m}_{xxxx} = 8\chi^{<3>m}_{xxyy} = 8\chi^{<3>m}_{yxyx} = \frac{4}{3}\chi^{<3>m}_{yxxy} \qquad (1.40)$$

6. Polarisation microscopique

Les susceptibilités $\chi^{<n>}_{ijk}$, définies de manière macroscopique comme étant la réponse d'un milieu à un signal optique, peuvent être reliées aux paramètres moléculaires du milieu comme les niveaux d'énergie ou les moments dipolaires. Dans le cas d'un système constitué de N entités identiques soumises à l'excitation d'une irradiation optique et dans l'hypothèse où l'interaction entre chaque entité et la lumière est indépendante de l'interaction des autres (on néglige les interactions entre les dipôles induits), le système est considéré comme homogène et à réponse locale. A l'application des grandeurs microscopiques, le vecteur de la polarisation électrique non linéaire dans la fonction du champ électrique externe appliqué devient :

$$\vec{P} = N(\alpha^* \vec{E}_{loc} + \beta^* \vec{E}_{loc}^2 + \gamma^* \vec{E}_{loc}^3 + ...) \qquad (1.41)$$

où N désigne la densité volumique des particules (nombre de particules par unité de volume), $\vec{E}_{loc}$ le champ électrique local, α^* la polarisabilité linéaire, β^* l'hyperpolarisabilité optique du premier ordre et γ^* l'hyperpolarisabilité optique du second ordre (rencontrée souvent sous le terme γ).

En appliquant l'approximation du champ local de Lorentz-Lorentz dans le cas d'un matériau supposé non polaire et isotrope, et dans le domaine des hautes fréquences (> 1 THz), on obtient :

$$\vec{E}_{loc} = f_\omega \vec{E} \tag{1.42}$$

où f_ω désigne le facteur de correction du champ électrique local de Lorentz intervenant au point où se trouve la molécule et exprimé par la relation suivante :

$$f_\omega = \frac{n_\omega^2 + 2}{3} \tag{1.43}$$

où n_ω désigne l'indice de réfraction linéaire du milieu à la pulsation ω.

Dans le cas particulier d'un soluté dissous dans un solvant non polaire (à faible moment dipolaire) pour donner une solution, la relation entre l'hyperpolarisabilité optique du second ordre du soluté et la susceptibilité électrique non linéaire du troisième ordre de la solution peut s'exprimer par la relation suivante [**Mar92, Pra91**] :

$$\gamma_{soluté} = \frac{\chi_{solution}^{<3>} M_{soluté}}{f_\omega^4 N_A C_{soluté}} \tag{1.44}$$

où $M_{soluté}$ désigne la masse molaire du soluté, N_A la constante d'Avogadro ($N_A \approx 6,022.10^{23}\,mol^{-1}$) et $C_{soluté}$ la concentration massique du soluté.

7. Conclusion du chapitre

Dans ce chapitre, nous avons introduit les propriétés ONL en décrivant le phénomène de polarisation d'un milieu. Soumis à des champs électriques de grandes intensités, les atomes ou les molécules changent de propriétés et la polarisation du milieu correspond alors à la somme de deux composantes (l'une linéaire et l'autre non linéaire). La polarisation est la clé de toute description des phénomènes ONL car la variation de la polarisation au cours du temps peut être la source de nouvelles composantes du champ électromagnétique. Après avoir détaillé les principaux effets optiques qui apparaissent lors de l'interaction entre un rayonnement électromagnétique et la matière, nous avons décrit les paramètres ONL du deuxième et troisième ordre faisant l'objet de cette étude, en effectuant notamment la description générale des tenseurs de susceptibilités électriques non linéaires du deuxième et troisième ordre.

Références du Chapitre 1 :

[Blo65] N. Bloembergen, *Nonlinear Optics*, W.A. Benjamin Inc. (1965)

[Bor86] M. Born, and E. Wolf, *Principles of optics*, Pergamon Press, Oxford, **5** (1986)

[Bou94] J. P. Bourdin, P. X. Nguyen, G. Rivoire, and J. M. Nunzi, *Polarization properties of the orientational response in phase conjugation*, Nonlinear Opt., **7**, 1-6 (1994)

[Bou03] B. Boulanger, and J. Zyss, *Chapter 1.7 : Nonlinear optical properties, in International tables for cristallography*, International Union of Cristallography, Kluwert Academic, Dordrecht (2003)

[Boy92] R. W. Boyd, *Nonlinear optics*, Academic Press Inc. (1992)

[Fra61] P. Franken, A. Hill, C. Peters, and G. Weinreich, *Generation of optical harmonics*, Phys. Rev. Lett., **7**, 4, 118-120 (1961)

[Fuk03] I. Fuks-Janczarek, *Etudes théoriques et expérimentales des effets optiques non linéaires du troisième ordre dans de nouveaux matériaux à conjugaison électronique élevée*, Thèse de l'Université d'Angers, 598 (2003)

[Kle62] D. A. Kleinman, *Nonlinear dielectric polarization in optical media*, Phys. Rev., **126**, 6, 1977-1979 (1962)

[Mar92] S. R. Marder, and J. E. Sohn, *Materials for nonlinear optics, chemicals perspectives*, American Chemical Society, Washington DC, 455 (1992)

[Pra91] P. N. Prasad, and D. J. Williams, *Nonlinear optical effects in organic materials*, John Wiley and Sons Inc. (1991)

[Sah96] B. Sahraoui, *Propriétés optiques non linéaires du troisième ordre dans des nouveaux dérivés du tétrathiafulvalène*, Thèse de l'Université d'Angers, 239 (1996)

[Sah00] B. Sahraoui, X. Nguyen Phu, T. Nozdryn, and J. Cousseau, *Electronic and nuclear contributions to the third-order nonlinear optical properties of new polyfluroalkysulfanyl-substituted tetrathiafulvalene derivatives*, Synth. Met., **115**, 261-264 (2000)

[San99] F. Sanchez, *Optique non linéaire*, Universités Physique, Ellipse, Paris (1999)

[She84] Y. R. Shen, *The principales of nonlinear optics*, John Wiley and Sons Inc. (1984)

[Yar03] A. Yariv, and P. Yeh, *Optical waves in crystals*, Wiley, New York (2003)

Chapitre 2

Réseaux de surface photo-induits

Chapitre 2

Table des matières

1. Holographie..27

   1.1. Holographie classique 27

   1.2. Holographie dynamique..28

2. Réseaux de diffraction 29

   2.1. Mécanisme d'inscription d'un réseau de diffraction 29

   2.2. Régimes de diffraction 32

       2.2.1. Régime de diffraction de Raman-Nath 32

       2.2.2. Régime de diffraction de Bragg...34

       2.2.3. Transition Raman-Nath / Bragg 34

3. Réseaux de surface photo-induits 35

   3.1. Observations des réseaux de surface photo-induits..35

   3.2. Principaux effets à l'origine de la formation des réseaux de surface photo-induits.....36

       3.2.1. Photo-isomérisation des composés azoïques 37

       3.2.2. Effet de gradient de pression interne 38

       3.2.3. Effet de gradient de champ électrique 38

       3.2.4. Effet de diffusion anisotrope photo-induite 39

4. Conclusion du chapitre 40

Liste des Figures

Figure 2.1 : Schéma de principe de l'holographie classique.....................................28

Figure 2.2 : Schéma de l'interférence entre les faisceaux d'écriture 30

Figure 2.3 : Efficacité du 1er ordre de diffraction η_1 pour des régimes parfaits de Raman-Nath et de Bragg [**Gay81**] 34

Figure 2.4 : Vue de profil de la formation d'un réseau de surface photo-induit [**Yag01**] 36

Figure 2.5 : Diagramme d'énergie des états *trans* et *cis* de l'azobenzène [**Led96**].................37

Figure 2.6 : Principe de la diffusion anisotrope photo-induite dans le DR1 [**Lef98b**] 39

Chapitre 2

Réseaux de surface photo-induits

Dans ce chapitre, nous décrivons le principe et les diverses applications de l'holographie dynamique avant d'aborder la description des régimes de diffraction de Raman-Nath et de Bragg. Enfin, nous proposons un bref état de l'art sur les principaux phénomènes physiques et modèles théoriques déjà publiés et décrivant les mécanismes à l'origine de la formation des réseaux de surface photo-induits.

1. Holographie

1.1. Holographie classique

L'holographie est une méthode interférentielle pour enregistrer, dans une couche d'un matériau photosensible, un front d'ondes ayant rencontré un objet illuminé en rayonnement cohérent et dont la restitution se fait par diffraction. Elle fut accidentellement découverte par Gabor en 1947 dans le cadre de ses recherches pour améliorer la puissance de résolution des microscopes électroniques [**Gab48**]. Bien que plusieurs tentatives de mise en oeuvre de l'holographie aient été menées dans les années 1950, la technique est restée inapplicable, à cause de l'absence de source cohérente. Par la suite, l'apparition du laser dans les années 1960 a pu faire progresser très rapidement cette technique d'un point de vue pratique. Les premiers hologrammes effectivement visibles et exploitables furent réalisés par Leith et Upatnieks en 1962 [**Lei62**]. L'holographie permet l'enregistrement de l'information intégrale portée par un front d'onde photonique, c'est-à-dire non seulement son amplitude réelle, mais aussi sa phase. Cette phase porte l'information sur le relief de l'objet. L'enregistrement en holographie se fait par l'interférence du front d'ondes émis par l'objet et d'un front d'onde référence. Le front d'onde objet est porteur de l'information sur l'objet tandis que le front d'onde référence est employé pour enregistrer les données et la lecture de l'hologramme. Pour réaliser un hologramme, les faisceaux de référence et objet sont superposés sur un matériau photosensible. La figure d'interférence optique résultante sera enregistrée sous forme de changements chimique et/ou physique dans la couche de matériau photosensible [**She84**]. Le front d'onde objet est restitué en illuminant convenablement l'hologramme développé avec l'onde de référence (voir figure 2.1). Généralement, l'onde de restitution (de lecture) est identique à l'onde de référence utilisée lors de l'enregistrement.

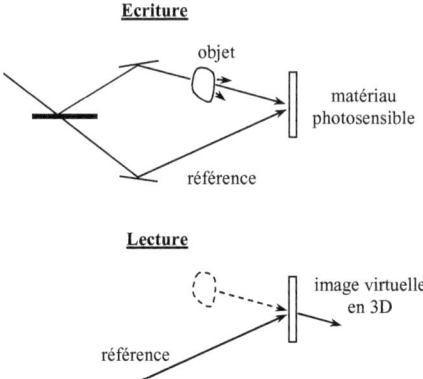

Figure 2.1 : Schéma de principe de l'holographie classique

L'holographie est employée depuis les années 1970 dans divers domaines tel que le contrôle non destructif, la cryptographie (cartes à puces, billets de banque), l'imagerie médicale, la reconnaissance d'objets 3D, ... L'holographie est également utilisée pour réaliser des éléments optiques diffractifs. Ces derniers sont des éléments optiques opérant comme des lentilles ou des miroirs ne fonctionnant plus sur le principe de la réfraction ou de la réflexion, mais essentiellement sur le principe de la diffraction. Ces deux dernières décennies ont été consacrées à l'amélioration de technologies holographiques et en particulier au stockage optique de données par l'holographie dynamique.

1.2. Holographie dynamique

L'utilisation de matériaux ONL a rendu possible l'holographie en temps réel, encore appelée holographie dynamique. En effet, l'absorption de la figure d'interférence des ondes objet et de référence induit une modulation du coefficient d'absorption, de l'indice de réfraction et/ou de la surface (épaisseur) du matériau, et la relecture de l'hologramme créé peut se faire ainsi en temps réel. Un hologramme sera à modulation d'amplitude ou à modulation de phase selon la nature du matériau photosensible et sa réponse au rayonnement. Si ce matériau photosensible enregistre la figure d'interférence sous forme de modulation de son coefficient d'absorption, on parle d'hologramme d'amplitude, d'absorption, ou de gain. En revanche, si l'enregistrement est figé sous forme d'une modulation de l'indice de réfraction ou de la surface du matériau, on parle alors d'hologramme de phase ou de polarisation.

L'holographie dynamique possède un fort potentiel d'applications dans de nombreux domaines tels que par exemple les filtres optiques holographiques [**Zaj01**] ou encore les mémoires holographiques [**She97**]. Le principe de fonctionnement des mémoires holographiques de stockage de données est de pouvoir superposer plusieurs hologrammes en les enregistrant chacun sous un angle d'incidence et/ou une longueur d'onde spécifiques afin de constituer l'adresse de chaque image holographique [**Li94, Ras93, Wei03**]. Lors de la reconstruction d'une image par illumination à l'aide d'un faisceau de référence, la sélectivité angulaire de Bragg limite la diaphonie entre les hologrammes voisins. McMichael et al. [**McM96**] ont réussi à enregistrer jusqu'à 20000 hologrammes en juxtaposant 20 couches identiques d'un cristal photoréfractif de $LiNbO_3$ (niobate de lithium) d'un volume total de $10 \times 10 \times 20$ mm^3. L'efficacité de diffraction par hologramme peut atteindre 10^{-4} dans un cristal photoréfractif si l'on optimise son coefficient d'absorption [**Hon91, Mok93**]. Dans le cadre des mémoires holographiques en volume tels que les disques holographiques HVD (*Holographic Versatile Disc*) existants, des travaux de recherche doivent encore être menés pour augmenter les efficacités de diffraction des hologrammes et diminuer leur diaphonie [**Nei95**].

2. Réseaux de diffraction

2.1. Mécanisme d'inscription d'un réseau de diffraction

On expose ici le mécanisme d'inscription d'un réseau de diffraction lié à l'interférence de deux ondes planes monochromatiques de fréquence ω : $\vec{E}_1^{ext}(\vec{r},t)$ et $\vec{E}_2^{ext}(\vec{r},t)$. Les deux ondes s'écrivent :

$$\vec{E}_1^{ext}(\vec{r},t) = E_1^{ext} e^{j(\vec{k}_1^{ext} \cdot \vec{r} - \omega t)} + c.c \qquad (2.1)$$

$$\vec{E}_2^{ext}(\vec{r},t) = E_2^{ext} e^{j(\vec{k}_2^{ext} \cdot \vec{r} - \omega t)} + c.c \qquad (2.2)$$

Chacun de ces deux faisceaux fait un angle d'incidence $\theta_{E_i^{ext}}$ avec la normale à la face d'entrée de l'échantillon (voir figure 2.2).

L'intensité lumineuse à l'intérieur du matériau est donnée par la relation suivante :

$$I(\vec{r}) = \frac{cn}{2\pi} \langle \left| \vec{E}_1(\vec{r},t) + \vec{E}_2(\vec{r},t) \right|^2 \rangle \qquad (2.3)$$

où $\langle \ \rangle$ désigne la moyenne temporelle sur un temps t très supérieur à la période temporelle de l'onde $T = 2\pi/\omega$. Si I_i désigne l'intensité de chaque faisceau ($I_i = \frac{cn}{2\pi}|E_i|^2$ avec $i = 1, 2$), et $\vec{K} = \vec{k}_1 - \vec{k}_2$, on obtient alors :

$$I(\vec{r}) = I_1 + I_2 + \frac{2\sqrt{I_1 I_2}}{I_1 + I_2} cos(\vec{K}.\vec{r}) \tag{2.4}$$

En introduisant l'intensité $I_0 = I_1 + I_2$ et le facteur de modulation de la répartition sinusoïdale d'intensité $m = \frac{2\sqrt{I_1 I_2}}{I_0}$, on a alors [Sob06] :

$$I(\vec{r}) = I_0 \ (1 \ + \ m \ cos(\vec{K}.\vec{r})) \tag{2.5}$$

où le vecteur d'onde du réseau $\vec{K}$ a pour module $|\vec{K}| = K = 4\pi \sin\left[(\theta_{E_1} + \theta_{E_2})/2\right]/\lambda$ et fait un angle $\phi = (\pi/2) + \left[(\theta_{E_1} - \theta_{E_2})/2\right]$ avec l'axe z. On définit le pas du réseau par $\Lambda = 2\pi/K$. Si les deux faisceaux d'écriture sont symétriques par rapport à la normale à la face d'entrée du milieu ($\theta_{E_1} = \theta_{E_2} = \theta_E = \theta$), on a alors : $\phi = \pi/2$, $\Lambda = 2\pi/K = \lambda/2\sin\theta_E$ et l'intensité lumineuse s'écrit (si les deux faisceaux possèdent la même polarisation) :

$$I(r) = I(x) = I_0(1 + m \ cos(Kx)) \tag{2.6}$$

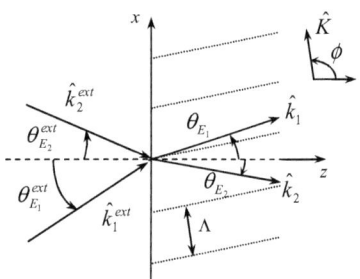

Si $\theta_{E_1} = \theta_{E_2}$: $I(x) = I_0 (1 + m\cos(Kx))$

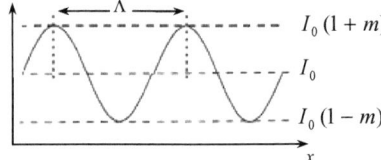

Figure 2.2 : Schéma de l'interférence entre les faisceaux d'écriture

En considérant que l'intensité de la lumière incidente est modulée sinusoïdalement avec un facteur de modulation $m = 1$ (soit $I_1 = I_2$), les trois types de réseaux de diffraction, possédant dans ce cas la même période spatiale Λ et pouvant être inscrit simultanément ou séparément le long de l'axe x au sein d'un même matériau, sont définis par les relations suivantes [**Mys07**] :

$$\alpha(\lambda, x, \rho, t) = \alpha_0(\lambda) + \Delta\alpha(\lambda, \rho, t)\cos(Kx - \phi_\alpha(\rho, t)) + ... , \qquad (2.7)$$

$$n(\lambda, x, \rho, t) = n_0(\lambda) + \Delta n(\lambda, \rho, t)\cos(Kx - \phi_n(\rho, t)) + ... , \qquad (2.8)$$

$$d(\lambda, x, \rho, t) = d_0 + \Delta d(\lambda, \rho, t)\cos(Kx - \phi_d(\rho, t)) + ... , \qquad (2.9)$$

où $\Delta\alpha(\lambda, \rho, t)$, $\Delta n(\lambda, \rho, t)$ et $\Delta d(\lambda, \rho, t)$ désignent respectivement les amplitudes de modulation du coefficient d'absorption, de l'indice de réfraction, et de modulation de la surface du matériau. $\phi_\alpha(\rho, t)$, $\phi_n(\rho, t)$ et $\phi_d(\rho, t)$ représentent les déphasages accumulés par une onde plane monochromatique transmise à travers ces différents réseaux. Les paramètres λ, ρ et t indiquent que les paramètres $\Delta\alpha$, Δn et Δd dépendent notamment de la longueur d'onde utilisée λ, de l'état de polarisation des faisceaux d'écriture ρ, et du temps d'irradiation t nécessaire à l'inscription de ces réseaux.

Le paramètre Δd peut être déterminé par microscopie AFM et les paramètres $\Delta\alpha$ et Δn peuvent être estimés à partir de techniques basées sur un déplacement de la figure d'interférence par une translation du matériau photosensible suivant l'axe x [**Fre99, Fre00, Kwa00, Sut90, Tau04**].

La détermination des rapports entre les trois paramètres $\Delta\alpha$, Δn et Δd permet d'établir la contribution réelle de chacun des trois types de réseaux (d'absorption, d'indice de réfraction ou de surface) sur l'efficacité de diffraction totale observée. Dans le cas d'une réponse d'un matériau ONL à une irradiation laser, les termes d'ordres élevés ($2K$, $3K$, ...) du vecteur d'onde du réseau $\vec{K}$ sont utiles pour décrire la forme spatiale de ces réseaux. Lorsque les deux faisceaux d'écriture sont polarisés perpendiculairement comme par exemple dans les configurations s-p ou p-s (s et p, respectivement pour perpendiculaire et parallèle au plan d'incidence), il n'apparaît dans ce cas aucune modulation de l'intensité de la lumière dans le plan de l'échantillon (on parle alors de réseau d'amplitude désigné par le paramètre $\Delta\alpha$) car dans ce cas la région est illuminée uniformément ($I(x) = const$). En outre, pour des configurations de polarisation s-s ou p-p des faisceaux d'écriture, la modulation de l'intensité lumineuse, présente dans ce cas, induira la formation de réseaux de phase désignés par les paramètres Δn et Δd.

2.2. Régimes de diffraction

La diffraction d'un réseau peut être rigoureusement analysé en utilisant la théorie d'onde couplée définie en 1969 par Kogelnik [**Kog69, Moh81**]. La théorie dynamique de la diffraction aux rayons X est aussi une théorie d'onde couplée et son application à l'holographie a été suggérée en 1967 par Saccocio [**Sac67**]. La théorie d'onde couplée considère un seul faisceau incident de lumière monochromatique sur un réseau de diffraction. L'onde de sortie est soit réfléchie, soit transmise par le milieu. La diffraction d'une onde par un réseau de diffraction change radicalement suivant que le réseau peut être considéré comme mince ou épais [**Mal90**]. En effet, dans le cas des réseaux dits minces, la lumière est diffractée dans plusieurs directions, correspondant aux ordres de résonance du réseau (régime de Raman-Nath). En revanche, pour un réseau épais, il n'existe qu'une seule résonance, fixée par le pas du réseau et la longueur d'onde de lecture. La lumière est alors diffractée suivant une direction bien définie (régime de Bragg).

2.2.1. Régime de diffraction de Raman-Nath

Raman et Nath ont traité dans les années 1930 la diffraction de la lumière produite acoustiquement par des réseaux d'indice de réfraction [**Ram35, Ram36**]. En 1980, Moharam et al. [**Moh80**] ont présentés et évalués les critères permettant d'identifier le régime de diffraction Raman-Nath par des réseaux de phase planaires. Les réseaux de phase planaires sont d'une importance considérable comme éléments diffractants dans le couplage, le filtrage, le guidage, et la modulation de la lumière dans des applications telles que l'acousto-optique, l'holographie, l'optique intégrée, et la spectroscopie. Le régime de diffraction Raman-Nath est un concept bien connu et la terminologie est habituellement associée à un réseau mince de diffraction (ou *thin grating* en anglais) possédant de multiples ordres de diffraction (et pour lequel l'efficacité maximale du premier ordre de diffraction $\eta_{max} \approx 33,9\%$: voir figure 2.3). Pour un réseau mince de phase, l'efficacité du premier ordre de diffraction est donnée par la relation [**Moh80, Sob06**] :

$$\eta = J_1^2 (2\gamma) \tag{2.10}$$

où J_1 désigne la fonction ordinaire de Bessel du premier ordre, et γ le déphasage maximal accumulé par une onde plane monochromatique transmise à travers le réseau de phase et défini par :

$$\gamma_{ind} = \frac{\pi \Delta n \, d}{\lambda \cos \theta} \text{ pour un réseau d'indice de réfraction,} \tag{2.11}$$

et $\gamma_{surf} = \dfrac{\pi n_{eff} \Delta d}{\lambda \cos\theta}$ pour un réseau de surface, (2.12)

où Δn et Δd désignent respectivement les amplitudes de modulation des réseaux d'indice de réfraction et de surface, θ l'angle d'incidence du faisceau de lecture, et n_{eff} la valeur effective de l'indice de réfraction définie par la relation $n_{eff} \approx (n_0 + 1)/2$ [**Sob06, Sob07**] où n_0 désigne l'indice de réfraction moyen du matériau.

En régime de Raman-Nath et à partir de la théorie des ondes couplées, il est également possible de dériver les expressions des intensités lumineuses des ordres de diffraction -1 et +1. Ces intensités dépendent des déphasages présents entre le réseau de diffraction et le champ optique. Pour de faibles modulations d'amplitudes et des intensités incidentes égales à I_0, on obtient les relations suivantes [**Sut90**] :

$$I_{+1} = I_0 e^{[-\alpha_0 d/\cos(\theta/2)]} (1 - 2A\cos\phi_\alpha - 2P\sin\phi_n) \quad (2.13)$$

$$I_{-1} = I_0 e^{[-\alpha_0 d/\cos(\theta/2)]} (1 - 2A\cos\phi_\alpha + 2P\sin\phi_n) \quad (2.14)$$

où les paramètres :

$$A = \dfrac{\Delta\alpha d}{4\cos(\theta/2)} \quad (2.15)$$

et $P = \dfrac{\pi\Delta n d}{\lambda\cos(\theta/2)}$ (2.16)

sont proportionnels aux amplitudes de modulation $\Delta\alpha$ et Δn. La dépendance temporelle de $\Delta\alpha$ et Δn peut être mesurée en fonction du temps d'inscription des réseaux. La translation de l'échantillon le long de l'axe x induit une variation des valeurs initiales de $\phi_{\alpha,n} \rightarrow \phi_{\alpha,n} + 2\pi x/\Lambda$ où x désigne le déplacement du réseau. Un transfert d'énergie asymétrique entre les faisceaux -1 et +1 apparaît lorsque $\phi_n \neq 0$ avec un maximum d'énergie échangé pour $\phi_n \neq \pi/2$. Par conséquent, en constituant la somme et la différence des intensités I_{-1} et I_{+1} enregistrées simultanément pendant le déplacement du réseau, il est possible d'estimer les paramètres $A = f(\Delta\alpha)$ et $P = f(\Delta n)$. Les variations d'amplitude de $I_{SUM}(x)$ et de $I_{DIFF}(x)$ dépendent respectivement des paramètres A et P par les relations :

$$I_{SUM}(x) = I_{+1}(x) + I_{-1}(x) = I_0 e^{[-\alpha_0 d/\cos(\theta/2)]} [2 - 4A\cos(\phi_\alpha + 2\pi x/\Lambda)] \quad (2.17)$$

$$I_{DIFF}(x) = I_{+1}(x) - I_{-1}(x) = I_0 e^{[-\alpha_0 d/\cos(\theta/2)]} [-4P\sin(\phi_n + 2\pi x/\Lambda)] \quad (2.18)$$

En évaluant le terme $I_0 \, e^{[-\alpha_0 d / \cos(\theta/2)]}$ et en modélisant les amplitudes I_{SUM} et I_{DIFF}, il est donc possible d'estimer les valeurs des amplitudes $\Delta\alpha$ et Δn.

2.2.2. Régime de diffraction de Bragg

Un réseau épais de diffraction ou « réseau en volume » (ou *thick grating* en anglais) est un réseau décrit par le régime de diffraction de Bragg et possédant un seul ordre de diffraction. L'enregistrement en volume du modèle d'interférence holographique prend la forme d'une modulation spatiale de l'indice de réfraction et/ou du coefficient d'absorption du milieu. L'intérêt particulier de ces réseaux se situe dans leur grande efficacité de diffraction ($\eta_{max} = 100\%$: voir figure 2.3). Gaylord et Moharam [**Gay81, Moh80**] ont montré qu'en régime de Bragg l'efficacité de diffraction peut se mettre sous la forme :

$$\eta = \sin^2 \gamma \qquad (2.19)$$

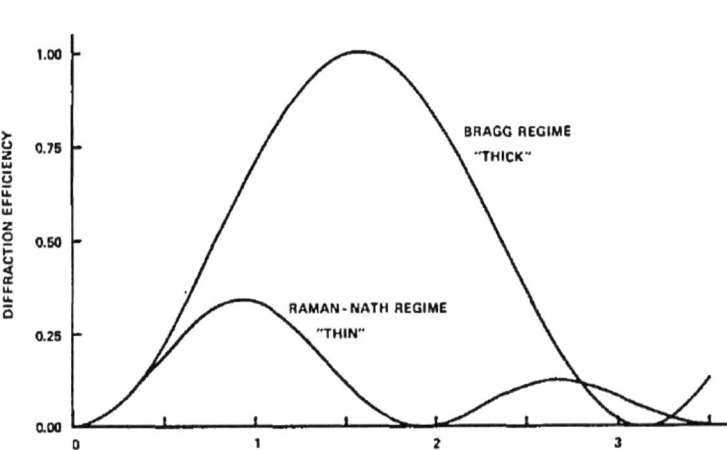

Figure 2.3 : Efficacité du 1er ordre de diffraction η_1 pour des régimes parfaits de Raman-Nath et de Bragg [**Gay81**]

2.2.3. Transition Raman-Nath / Bragg

Le critère de transition Raman-Nath/Bragg peut être déterminé par le paramètre sans dimension $Q = 2\pi \lambda d_0 / (n_0 \Lambda^2)$ [**Min98**]. Si $Q < 10$, l'intensité à l'ordre 1 n'est pas négligeable devant celle des ordres 0 et -1 : le réseau est mince et diffracte en régime Raman-Nath. Si $Q \geq 10$, l'intensité à l'ordre 1 et celle des ordres supérieurs, n'excèdent pas 1% de celle à l'ordre -1. On peut donc considérer que seuls les ordres 0 et -1 existent : le réseau est épais et diffracte en régime de Bragg. En prenant par exemple (comme c'est le cas dans notre étude) $d_0 \approx 300$ nm, $\lambda \approx \Lambda \approx 532$ nm et $n_0 \approx 1,6$, on trouve alors $Q \approx 2,2 < 10$ (régime de Raman-Nath).

3. Réseaux de surface photo-induits

Actuellement, les mécanismes responsables de la formation des réseaux de surface (ou *SRGs* pour *Surface Relief Gratings* en anglais) sont loin d'être tous compris. Les réseaux de surface continuent à susciter un grand nombre de travaux de recherche de part leur potentiel d'applications dans les réseaux diffractifs pour cavités laser [**Boy95**], les lames d'onde à retard [**Liu96**], les éléments pour couplage dans des guides d'ondes [**Cly89, Mil97, Nat02**], le contrôle de l'alignement des molécules de cristaux liquides [**Li99**], les sondes chimiques et biologiques [**Kin06**], le traitement d'images en temps réel [**Ram99, Vis99**], les photodétecteurs [**Dup00**], le multiplexage et démultiplexage en longueur d'onde [**Zaj01**], ou encore le stockage optique de données [**Hag01**].

3.1. Observations des réseaux de surface photo-induits

Les équipes de Kim [**Kim95a**] et Rochon [**Roc95**] ont observé pour la première fois en 1995, la migration de matière photo-induite suite à l'irradiation d'une couche mince azoïque par une lumière cohérente à l'aide d'un montage holographique en réflexion [**Mai85**] utilisant un laser argon continu accordable entre 488 et 514 nm. En utilisant des longueurs d'onde comprises dans la bande d'absorption du chromophore, ces auteurs ont démontré qu'il était possible d'induire des déformations de surface de l'ordre de quelques dizaines de nanomètres dans des couches minces par projection d'une figure d'interférences. Les réseaux de surface obtenus ont montré une très bonne stabilité à température ambiante. Dans ces travaux, l'influence de paramètres expérimentaux tels que la longueur d'onde, l'intensité de l'irradiation laser ou encore le pas du réseau ont été étudiés.

Par la suite, d'autres équipes ont mis en évidence l'inscription de réseaux de surface dans des matrices de polyester [**Hol97, Hvi95**] puis dans des milieux sol-gel [**Dar98, Fre00**] ainsi que dans des cristaux liquides [**Ped98**].

En dessous de la température de transition vitreuse T_g des matériaux, de nombreuses études ont démontré que le mécanisme de formation des réseaux de surface n'était pas le résultat d'effets thermiques dans les zones illuminées mais plutôt d'une migration de matière [**Bar96,**

Kim95a, Roc95] attribuée à un processus de photo-isomérisation des molécules constituant le matériau et réalisée uniquement en présence de fragments azobenzènes capables de subir des cycles d'isomérisation *trans-cis-trans* dans le matériau.

Par la suite, des études ont démontré que le système d'interférences et le réseau de surface sont en opposition de phase, ce qui signifie que la migration de matière s'effectue des zones illuminées de forte intensité vers les zones illuminées de plus faible intensité où les molécules ne sont plus excitées [**Bia98, Bia99, Yag01**]. Les minima d'amplitude correspondent donc aux zones de forte intensité et les maxima d'amplitude aux zones de faible intensité (voir figure 2.4).

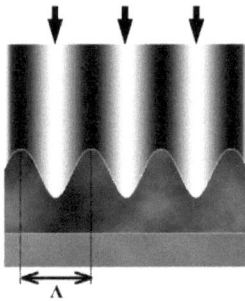

Figure 2.4 : Vue de profil de la formation d'un réseau de surface photo-induit [**Yag01**]

L'amplitude de modulation d'un réseau de surface dépend du temps d'irradiation et de l'intensité des faisceaux d'écriture [**Kim95b, Fio00**]. Des travaux ont également montré que l'amplitude moyenne de modulation des réseaux de surface photo-induits sur des couches minces azoïques dépend fortement de la polarisation des faisceaux d'écriture [**Jia96, Kim95b**] traduisant ainsi que, pour de faibles intensités, les effets thermiques induits par absorption ne sont pas responsables de la formation de ces réseaux [**Bar96, Dar98, Hol97, Kum98**]. Il est aussi possible d'effacer un réseau de surface optiquement et thermiquement en portant le matériau à une température supérieure à T_g [**Yag07**].

3.2. Principaux effets à l'origine de la formation des réseaux de surface photo-induits

Plusieurs hypothèses subsistent sur les mécanismes à l'origine de la formation des réseaux de surface. Cependant, les principaux modèles existants (en régime continu) démontrent que l'origine des effets observés se traduit principalement par un transport de matière macroscopique induit au niveau microscopique par la photo-isomérisation de composés azoïques [**Oli02, Vis99**].

3.2.1. Photo-isomérisation des composés azoïques

L'azobenzène (appelé communément *azo*) est un composé chimique constitué de deux cycles benzéniques liés par une liaison double N=N (voir en exemple la figure 2.6). L'azobenzène est la molécule parent d'un large groupe de composés aromatiques (souvent utilisés comme colorants dans l'industrie). On parle en réalité de l'azobenzène Ph-N=N-Ph et de composés azoïques pour tous les autres dérivés Ar-N=N-Ar' (Ar et Ar' : groupes aryles). L'azobenzène possède deux configurations : la forme *trans* (E) et la forme *cis* (Z). Les deux isomères *trans* et *cis* peuvent être séparés et leur structure moléculaire confirmée par une analyse aux rayons X. La forme Z n'est pas stable thermiquement : elle revient après quelques heures/jours vers la forme E dans l'obscurité. Suite à une absorption de photons, la molécule peut passer de sa forme *trans* à sa forme *cis* (voir figure 2.5 où on a : T : isomère *trans* ; C : isomère *cis* ; S_T, S_C : états fondamentaux ; S_T^*, S_C^* : états excités ; σ_T, σ_C : sections efficaces d'absorption ; k_{TC}, k_{CT} : constantes de désexcitation ; τ : constante de relaxation thermique *cis-trans*). Cette réaction est réversible soit par absorption d'un photon, soit par activation thermique. L'isomérisation thermique se fait en effet dans la direction *cis* → *trans* car la forme *trans* a une énergie plus faible que la forme *cis* (la différence d'énergie est de l'ordre de 70-80 kJ/mol).

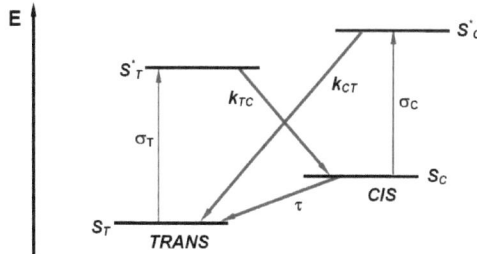

Figure 2.5 : Diagramme d'énergie des états *trans* et *cis* de l'azobenzène [**Led96**]

Deux mécanismes sont actifs pour la photo-isomérisation de l'azobenzène et des composés azoïques : le mécanisme de rotation où la molécule s'isomérise par la rotation autour de la double liaison N=N, et le mécanisme d'inversion où l'un des cycles benzéniques fait un déplacement latéral dans le plan de la molécule. Les mécanismes de photo-isomérisation dépendent de la nature du composé azoïque (symétrique ou pseudo-stilbène) avec des rendements quantiques qui dépendent fortement de la nature des transitions excitées (π-π^* ou n-π^*).

3.2.2. Effet de gradient de pression interne

Le premier modèle proposé par Barrett et al. [**Bar96, Bar98**] en 1996, encore appelé le *modèle du volume libre*, introduit la notion de flux visco-élastique. Ce modèle fait l'hypothèse de l'existence de gradients de pression interne résultant d'une augmentation de volume du matériau (de l'ordre de 0,2 nm^3) nécessaire au passage de la forme *trans* à la forme *cis* lors de la photo-isomérisation des fragments azobenzènes. Un réseau de surface apparaît lorsque cette pression interne devient supérieure à la pression critique du matériau. L'application de telles contraintes conduit à un déplacement de matière des zones de hautes pressions vers les zones de basses pressions. Dans ce modèle, le processus d'inscription des réseaux de surface est interprété, d'un point de vue macroscopique uniquement, comme le mouvement d'un fluide visqueux en régime laminaire. En étudiant les conditions aux limites aux interfaces air-film et film-substrat, on peut en déduire l'équation décrivant l'évolution temporelle de la surface libre du matériau [**Bar98**]:

$$\frac{\partial d}{\partial t} = \frac{d_0^3}{3\nu} \frac{\partial^2 P(x)}{\partial x^2} \tag{2.20}$$

où d_0 désigne l'épaisseur initiale du film, P la pression (en Pa), ν la viscosité des molécules (en Pa.s), et x la direction selon laquelle se produit la distribution d'intensité lumineuse.

Par la suite, un autre modèle développé par Sumaru et al. [**Sum99, Sum02**] a pris en compte la composante de vitesse de déplacement des molécules dans le plan du film. Cependant, aucun de ces deux modèles ne permet de démontrer clairement l'influence de la polarisation des faisceaux d'écriture sur le processus de formation des réseaux de surface.

3.2.3. Effet de gradient de champ électrique

En 1998, Kumar et al. [**Kum98**] définissent un modèle qui démontre que la formation des réseaux de surface dépend de la polarisation des faisceaux d'écriture et également de la variation d'amplitude de l'intensité lumineuse incidente. Dans ce modèle, le transport de la matière, induit par effets électrostrictifs, résulte des forces d'interaction entre le dipôle permanent du chromophore et un gradient de champ électrique (comme dans le cas des pinces optiques moléculaires [**Ash97**]).

La densité de force $\vec{f}$ exercée sur les molécules, provoquant un effet de surface et non un effet de volume comme pour le modèle de Barrett et al., peut être exprimée par la relation suivante [**Bia98, Kum98**] :

$$\vec{f} = \langle \left[\vec{P}(r,t) \cdot \vec{\nabla} \right] \vec{E}(r,t) \rangle \tag{2.21}$$

où ⟨ ⟩ désigne le temps moyen d'une oscillation optique, $\vec{E}(r,t)$ le champ optique, et $\vec{P}(r,t)$ la polarisation induite optiquement dans le matériau.

3.2.4. Effet de diffusion anisotrope photo-induite

Lefin et al. [**Lef98a, Lef98b**] ont proposé un modèle microscopique de diffusion anisotrope photo-induite basé sur un processus de rotation-translation (voir figure 2.6). L'hypothèse à la base de ce modèle est que la translation est anisotrope et se produit essentiellement le long du grand axe de la molécule [**Fio00**]. Ce modèle néglige néanmoins le couplage entre la rotation et la translation. Le principe de la diffusion anisotrope photo-induite produit un mouvement de reptation des composés azoïques lors de leur photo-isomérisation *trans-cis*. Le retour à la forme stable *trans*, est accompagné d'une diffusion anisotrope d'une longueur moyenne L induisant la formation des réseaux de surface. L'amplitude de translation L est estimée à quelques nanomètres (par exemple pour la molécule de DR1 on a : $L = l_{trans} = 2l_{cis} \approx 1,2$ nm où l_{trans} et l_{cis} désignent respectivement les longueurs de sa forme *trans* et de sa forme *cis*) [**Lef98b**]. Une telle amplitude de diffusion, observable à température ambiante, est justifiée par l'énergie communiquée par l'excitation optique à un nombre réduit de modes de vibration-rotation intervenant dans le processus de photo-isomérisation. Vu autrement, les molécules subissent un transfert d'énergie transitoire permettant aux composés azoïques de se comporter comme des « moteurs moléculaires » lorsqu'ils sont attachés à un polymère. Leur mouvement particulier convient à la migration dans le réseau enchevêtré que constituent souvent les matériaux à l'échelle moléculaire. Lefin et al. précisent également que l'effet d'un gradient de concentration des chromophores décrit leur amplitude de diffusion et est donc à l'origine de la formation des réseaux de surface.

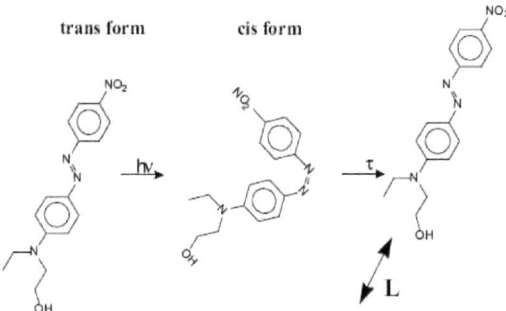

Figure 2.6 : Principe de la diffusion anisotrope photo-induite dans le DR1 [**Lef98b**]

Ce modèle considère donc un mouvement 1D des molécules qui fuient, grâce au processus de photo-isomérisation, les zones de forte intensité vers les zones de faible intensité. Bien que simpliste, ce modèle rend compte des principaux paramètres intervenant dans la formation des réseaux de surface (dépendance en intensité et polarisation des faisceaux d'écriture) et est d'ailleurs compatible avec la description plus macroscopique du modèle de Barrett et al. [**Bar96**].

4. Conclusion du chapitre

Dans ce chapitre, nous avons décrit le principe de l'holographie dynamique ainsi que quelques unes de ses applications existantes (filtres optiques holographiques, disques holographiques HVD, ...). Une présentation des régimes de diffraction de Raman-Nath et de Bragg traduisant respectivement le cas des réseaux de diffraction minces et épais a été proposée. Enfin, nous avons détaillé les principaux phénomènes physiques et modèles théoriques existants et à l'origine de la formation des réseaux de surface photo-induits.

Par ailleurs, les réseaux de surface photo-induits inscrits à partir de techniques holographiques peuvent s'avérer utiles dans de nombreux domaines d'applications à condition de pouvoir disposer de supports possédant de bonnes qualités optiques et disponibles, de part leur forte processabilité, à des échelles micrométriques voire nanométriques. Dans ce contexte, ce travail de thèse a notamment consisté en l'inscription de réseaux de surface photo-induits sur des couches minces de nouveaux complexes organométalliques à base de ruthénium et possédant un fragment azobenzène dans leur chemin π-conjugué. L'interprétation des résultats obtenus à partir de réseaux de surface photo-induits dans le régime de Raman-Nath a également permis de mettre en évidence les différents phénomènes mis en jeu dans la dynamique de formation de ces réseaux.

Références du Chapitre 2 :

[Ash97]   A. Ashkin, *Optical trapping and manipulation of neutral particles using lasers*, Proc. Natl. Acad. Sci. USA, **94**, 4853-4860 (1997)

[Bar96]   C. J. Barrett, A. L. Natansohn, and P. L. Rochon, *Mecanism of optically inscribed high-efficiency diffraction gratings in azo polymer films*, J. Phys. Chem., **100**, 21, 8836-8842 (1996)

[Bar98]   C. J. Barrett, P. L. Rochon, and A. L. Natansohn, *Model of laser-driven mass transport in thin films of dye-functionalized polymers*, J. Chem. Phys., **109**, 4, 1505-1516 (1998)

[Bia98]   S. Bian, L. Li, J. Kumar, D. Y. Kim, J. Williams, and S. K. Tripathy, *Single laser beam-induced surface deformation on azobenzene polymer films*, Appl. Phys. Lett., **73**, 13, 1817-1819 (1998)

[Bia99]   S. Bian, J. M. Williams, D. Y. Kim, L. Li, S. Balasubramanian, J. Kumar, and S. Tripathy, *Photoinduced surface deformations on azobenzene polymer films*, J. Appl. Phys., **86**, 8, 4498-4508 (1999)

[Boy95]   R. D. Boyd, J. A. Britten, D. E. Decker, B. W. Shore, B.C. Stuart, M.D. Perry, and L. Li, *High-efficiency metallic diffraction gratings for laser applications*, Appl. Opt., **34**, 10, 1697-1706 (1995)

[Cly89]   B. D. Clymer, *Surface-relief grating structures for efficient high-bandwidth integrated photodetectors for optical interconnections in silicon VLSI*, Appl. Opt., **28**, 24, 5374-5382 (1989)

[Dar98]   B. Darracq, F. Chaput, K. Lahlil, Y. Lévy and J. P. Boilot, *Photoinscription of surface relief gratings on azo-hybrid gels*, Adv. Mat., **10**, 14, 1133-1136 (1998)

[Dup00]   E. Dupont, *Optimization of lamellar gratings for quantum-well infrared photodetectors*, J. Appl. Phys., **88**, 5, 2687-2692 (2000)

[Fio00]   C. Fiorini, N. Prudhomme, G. De Veyrac, I. Maurin, P. Raimond, and J.-M. Nunzi, *Molecular migration mechanism for laser induced surface relief grating formation*, Synth. Met., **115**, 121-125 (2000)

[Fre99]   L. Frey, J.-M. Jonathan, A. Villing, and G. Roosen, *Kinetics of photoinduced gratings by a moving grating technique*, Opt. Comm., **165**, 153-161 (1999)

[Fre00]   L. Frey, B. Darracq, F. Chaput, K. Lahlil, J.M. Jonathan, G. Roosen, J.P. Boilot, and Y. Levy, *Surface and volume gratings investigated by the moving grating technique in sol-gel materials*, Opt. Comm., **173**, 11-16 (2000)

[Gab48]   D. Gabor, *A new microscopic principle*, Nature, **161**, 777-778 (1948)

[Hag01]   R. Hagen, and T. Bieringer, *Photoadressable polymers for optical data storage*, Adv. Mat., **13**, 23, 1805-1810 (2001)

[Hol97]   N. C. R. Holme, L. Nikolova, P. S. Ramanujam, and S. Hvilsted, *An analysis of the anisotropic and topographic gratings in a side-chain liquid crystalline azobenzene polyester*, Appl. Phys. Lett., **70**, 12, 1518-1520 (1997)

[Hon91]   J. H. Hong, and R. Saxena, *Diffraction efficiency of volume holograms writen by coupled beams*, Opt. Lett., **16**, 3, 180-182 (1991)

[Hvi95]	S. Hvilsted, F. Andruzzi, C. Kulinna, H. W. Siesler, and P. S. Ramajunam, *Novel side-chain liquid crystalline polyester architecture for reversible optical storage*, Macromol., **28**, 7, 2172-2183 (1995)
[Jia96]	X. L. Jiang, L. Li, J. Kumar, D. Y. Kim, V. Shivshankar, and S. K. Tripathy, *Polarization dependent recordings of surface relief gratings on azobenzene containing polymer films*, Appl. Phys. Lett., **68**, 19, 2618-2620 (1996)
[Kim95a]	D. Y. Kim, S. K. Tripathy, L. Li, and J. Kumar, *Laser-induced holographic surface relief gratings on nonlinear optical polymer films*, Appl. Phys. Lett., **66**, 10, 1166-1168 (1995)
[Kim95b]	D. Y. Kim, L. Li, X. L. Jiang, V. Shivshankar, J. Kumar, and S. K. Tripathy, *Polarized laser induced holographic surface relief gratings on polymer films*, Macromol., **28**, 26, 8835-8839 (1995)
[Kin06]	N. Kinrot and M. Nathan, *Investigation of a periodically segmented waveguide Fabry-Pérot interferometer for use as a chemical/biosensor*, J. Lightwave Technol., **24**, 5, 2139-2145 (2006)
[Kog69]	H. Kogelnik, The Bell System Technical Journal, **48**, 9, 2909 (1969)
[Kum98]	J. Kumar, L. Li, X. Jiang, D. Y. Kim, T. S. Lee, and S. K. Tripathy, *Gradient force: The mechanism for surface relief grating formation in azobenzene functionalized polymers*, Appl. Phys. Lett., **72**, 17, 2096-2098 (1998)
[Kwa00]	C. H. Kwak, and S. J. Lee, *Approximate analytic solution of photochromic and photorefractive gratings in photorefractive materials*, Opt. Comm., **183**, 547-554 (2000)
[Led96]	I. K. Lednev, T.-Q. Ye, R. E. Hester, and J. N. Moore, *Femtosecond time-resolved UV-visible absorption spectroscopy of trans-azobenzene in solution*, J. Phys. Chem., **100**, 32, 13338-13341 (1996)
[Lef98a]	P. Lefin, C. Fiorini, and J.-M. Nunzi, *Anisotropy of the photo-induced translation diffusion of azobenzene dyes in polymer matrices*, Pure Appl. Opt., **7**, 71-82 (1998)
[Lef98b]	P. Lefin, C. Fiorini, and J.-M. Nunzi, *Anisotropy of the photoinduced translation diffusion of azo dyes*, Opt. Mat., **9**, 323-328 (1998)
[Lei62]	E. N. Leith and J. Upatnieks, *Reconstructed wavefronts and communication theory*, J. Opt. Soc. Am., **52**, 10, 1123-1130 (1962)
[Li94]	H.-Y. S. Li, and D. Psalti, *Three-dimensional holographic disks*, Appl. Opt., **33**, 17, 3764-3774 (1994)
[Li99]	X. T. Li, A. Natansohn, and P. Rochon, *Photoinduced liquid crystal alignment based on a surface relief grating in an assembled cell*, Appl. Phys. Lett., **74**, 25, 3791-3793 (1999)
[Liu96]	J. Liu, and R. M. A. Azzam, *Infrared quarter-wave reflection retarders designed with high-spatial-frequency dielectric surface-relief gratings on a gold substrate at oblique incidence*, Appl. Opt., **35**, 28, 5557-5562 (1996)
[Mai85]	X. Mai, R. Moshrefzadeh, U. J. Gibson, G. I. Stegeman, and C. T. Seaton, *Simple versatile method for fabricating guided wave gratings*, Appl. Opt., **24**, 19, 3155-3161 (1985)
[Mal90]	M. Mallick, *Effets d'épaisseur dans les réseaux*, Ecole d'été d'Optoélectronique, Les éditions de Physique, 95-111 (1990)

[McM96]   I. McMichael, W. Christian, D. Pletcher, T. Y. Chang, and J. H. Hong, *Compact holographic storage demonstrator with rapid access*, App. Opt., **35**, 14, 2375-2379 (1996)

[Mil97]   J. M. Miller, N. de Meaucoudrey, P. Chavel, J. Turunen, and E. Cambril, *Design and fabrication of binary slanted surface relief gratings for a planar optical interconnection*, Appl. Opt., **36**, 23, 5717-5727 (1997)

[Min98]   A. Miniewicz, S. Bartkiewicz, J. Sworakowski, J. A. Giacometti, M. M. Costa, On optical phase conjugation in polystyrene films containing the azobenzene dye Disperse Red 1, Pure Appl. Opt., **7**, 709-721 (1998)

[Moh80]   M. G. Moharam, T. K. Gaylord, and R. Magnusson, Opt. Comm., **32**, 14 (1980)

[Moh81]   M. G. Moharam, and T. K. Gaylord, *Rigorous coupled-wave analysis of planar-grating diffraction*, J. Opt. Soc. Am., **71**, 7, 811-818 (1981)

[Mok93]   F. H. Mok, *Angle-multiplexed storage of 5000 holograms in lithium niobate*, Opt. Lett., **18**, 11, 915-917 (1993)

[Mys07]   J. Mysliwiec, A. Miniewicz, S. Nespurek, M. Studenovsky, and Z. Sedlakova, *Efficient holographic recording in novel azo-containing polymer*, Opt. Mat., **29**, 1756-1762 (2007)

[Nat02]   A. Natansohn and P. Rochon, *Photoinduced motions in azobenzene-based polymers*, Photoreactive organic thin films, Z. Sekkat and W. Knoll (eds.), Academic Press, San Diego, Chapter 13, 399-427 (2002)

[Nei95]   M. A. Neifeld, and L. Zhang, *Limits on the bitwise information density of spectral storage*, Opt. Comm., **177**, 171-179 (2000)

[Oli02]   O. N. Oliveira, L. Li, J. Kumar, and S. K. Tripathy, *Surface-relief gratings on azobenzene-containing films*, Photoreactive organic thin films, Z. Sekkat and W. Knoll (eds.), Academic Press, San Diego, Chapter 14, 429-486 (2002)

[Ped98]   T. G. Pedersen, P. M. Johansen, N. C. R. Holme, and P. S. Ramanujam, *Mean-field theory of photoinduced formation of surface reliefs in side-chain azobenzene polymers*, Phys. Rev. Lett., **80**, 1, 89-92 (1998)

[Ram35]   C. V. Raman, and N. S. N. Nath, Proc. Indian Acad. Sci. 2, **406**, 413 (1935)

[Ram36]   C. V. Raman, and N. S. N. Nath, Proc. Indian Acad. Sci. 2, **75**, 459 (1936)

[Ram99]   P. S. Ramanujam, M. Pedersen, and S. Hvilsted, *Instant holography*, Appl. Phys. Lett., **74**, 21, 3227-3229 (1999)

[Ras93]   K. Rastani, *Storage capacity and cross talk in angularly multiplexed holograms: two case studies*, Appl. Opt., **32**, 20, 3772-3778 (1993)

[Roc95]   P. Rochon, E. Batalla, and A. Natansohn, *Optically induced surface gratings on azoaromatic polymer films*, Appl. Phys. Lett., **66**, 2, 136-138 (1995)

[Sac67]   E. J. Saccocio, *Application of the dynamical theory of X-ray diffraction to holography*, J. Appl. Phys., **38**, 10, 3994-3998 (1967)

[She84]   Y. R. Shen, *The principles of nonlinear optics*, John Wiley & Sons, New York (1984)

[She97]   R. M. Shelby, J. A. Hoffnagle, G. W. Burr, C. M. Jefferson, M.-P. Bernal, H. Coufal, R. K. Grygier, H. Gaunther, R. M. Macfarlane, and G. T. Sincerbox, *Pixel-matched holographic data storage with megabit pages*, Opt. Lett., **22**, 19, 1509-1511 (1997)

[Sob06] A. Sobolewska, A. Miniewicz, E. Grabiec, and D. Sek, *Holographic grating recording in azobenzene functionalized polymers*, Cent. Eur. J. Chem., **4**, 2, 266-284 (2006)

[Sob07] A. Sobolewska, and A. Miniewicz, *Analysis of the kinetics of diffraction efficiency during the holographic grating recording in azobenzene functionalized polymers*, J. Phys. Chem. B, **111**, 7, 1536-1544 (2007)

[Sum99] K. Sumaru, T. Yamanaka, T. Fukuda, and H. Matsuda, *Photoinduced surface relief gratings on azopolymer films: analysis by a fluid mechanics model*, Appl. Phys. Lett., **75**, 13, 1878-1880 (1999)

[Sum02] K. Sumaru, T. Fukuda, T. Kimura, H. Matsuda, and T. Yamanaka, *Photoinduced surface relief formation on azopolymer films: a driving force and formed relief profile*, J. Appl. Phys., **91**, 5, 3421-3430 (2002)

[Sut90] K. Sutter, and P. Günter, *Photorefractive gratings in the organic crystal 2-cyclooctylamino-5-nitropyridine doped with 7,7,8,8-tetracyanoquinodimethane*, J. Opt. Soc. Am. B, **7**, 12, 2274-2278 (1990)

[Tau04] H. Taunaumang, M. Solyga, M. O. Tija, and A. Miniewicz, *On the efficient mixed amplitude and phase grating recording in vacuum deposited Disperse Red 1*, Thin Solid Films, **461**, 316-324 (2004)

[Vis99] N. K. Viswanathan, D. Y. Kim, S. Bian, J. Williams, W. Liu, L. Li, L. Samuelson, J. Kumar, and S. K. Tripathy, *Surface relief structures on azo polymer films*, J. Mater. Chem., **9**, 1941-1955 (1999)

[Wei03] E. Weidner, G. Pauliat, and G. Roosen, *Wavefront buffer memory based interferometric camera with a photorefractive crystal as the active medium*, J. Opt. A.: Pure Appl. Opt., **5**, 524-528 (2003)

[Yag01] K. G. Yager, and C. J. Barrett, *All-optical patterning of azo polymer films*, Curr. Opin. Solid State Mater. Sci., **5**, 487-494 (2001)

[Yag07] K. G. Yager, and C. J. Barrett, *Confinement of surface patterning in azo-polymer thin films*, Appl. Phys. Lett., **126**, 094908, 1-8 (2007)

[Zaj01] A. K. Zajtsev, S. H. Lin, and K. Y. Hsu, *Sidelobe suppression of spectral response in holographic optical filter*, Opt. Comm., **190**, 103-108 (2001)

Chapitre 3

Complexes organométalliques à base de ruthénium

Chapitre 3
Table des matières

1. Complexes organométalliques 47

    1.1. Applications des complexes organométalliques 48
    1.2. Complexes organométalliques en ONL 49
    1.3. Complexes organométalliques à base de ruthénium 50

2. Présentation des complexes organométalliques étudiés 52

    2.1. Complexes A-E 52
    2.2. Complexes F-I' 54

3. Voltampérométrie cyclique 58

4. Préparation des couches minces étudiées 61

5. Conclusion du chapitre 62

Liste des Figures

Figure 3.1 : Représentation planaire du ligand azobenzène 53
Figure 3.2 : Représentation planaire du complexe **A** 53
Figure 3.3 : Représentation planaire du complexe **B** 53
Figure 3.4 : Représentation planaire du complexe **C** 53
Figure 3.5 : Représentation planaire du complexe **D** 54
Figure 3.6 : Représentation planaire du complexe **E** 54
Figure 3.7 : Représentation planaire du complexe **F** 55
Figure 3.8 : Représentation planaire du complexe **F'** 56
Figure 3.9 : Représentation planaire du complexe **G** 56
Figure 3.10 : Représentation planaire du complexe **G'** 56
Figure 3.11 : Représentation planaire du complexe **H** 57
Figure 3.12 : Représentation planaire du complexe **H'** 57
Figure 3.13 : Représentation planaire du complexe **I** 58
Figure 3.14 : Représentation planaire du complexe **I'** 58
Figure 3.15 : Coefficient d'absorption molaire ε en fonction de l'énergie des photons incidents (complexe **A** en solution dans le dichlorométhane) 60
Figure 3.16 : Dépôt d'une goutte de la solution sur un substrat 62

Liste des Tableaux

Tableau 3.1 : Synthèse des complexes **F-I'**, rendements et longueurs d'onde maximales d'absorption 55

Chapitre 3

Complexes organométalliques à base de ruthénium

Dans ce chapitre, nous décrivons d'une façon générale les complexes organométalliques et leurs principales applications avant de présenter les structures chimiques des deux séries de complexes étudiées dans le cadre de cette thèse. A la fin du chapitre, quelques rappels sont présentés sur la voltampérométrie cyclique et sur la méthode de préparation des couches minces de ces complexes. Ces deux séries de complexes organométalliques (série 1 : complexes **A-E** et série 2 : complexes **F-I'**) possèdent un fragment donneur commun de ruthénium-acétylure. De plus, les complexes **A-C** de la première série, formés par un fragment N,N-dibutylamine et un fragment azobenzène, ont été fonctionnalisés dans le but d'étudier la dynamique de formation de réseaux de surface photo-induits en régime picoseconde.

1. Complexes organométalliques

Un complexe organométallique peut être défini comme un composé chimique comportant au moins une liaison métal-carbone (M-C). L'incorporation des métaux de transition (un métal de transition se définit par l'existence de sous-couches d ou f incomplètes pour l'un de ses états d'oxydation les plus stables) dans des matériaux fonctionnels induit une profonde modification des propriétés de ces matériaux.

L'oxyde de diméthylarsanyle (($CH_3)_2As)_2O$, préparé pour la première fois par Cadet en 1760, peut être considéré comme le premier complexe organométallique à avoir été synthétisé. Sa structure n'a finalement été élucidée qu'en 1843 par Bunsen. Une seconde famille d'organométalliques, celle des complexes oléfines de platine, a été développé plus tardivement par Zeise en 1827. Plus tard, en 1900, avec le développement des organomagnésiens par Barbier puis Grignard, a débuté une véritable métamorphose de la synthèse organique. Cependant, il a fallu attendre la découverte du ferrocène en 1951 et l'optimisation de sa structure sandwich par Wilkinson et Woodward [**Wil52**] pour que la chimie organométallique des métaux de transition prenne son essor. L'électronique moléculaire impliquant les composés organométalliques est actuellement très étudiée en raison de leurs applications potentielles et de leurs propriétés optiques, magnétiques et électroniques spécifiques. Il est par conséquent nécessaire de bien comprendre la structure électronique de ces complexes et les principaux modes de liaisons entre les métaux et les ligands courants.

La molécule absorbe une énergie suffisante pour que son état passe de fondamental à excité. L'énergie de la molécule se trouve alors à un niveau électronique excité ou sur un niveau vibrationnel ou rotationnel correspondant. La molécule peut ensuite relaxer l'énergie emmagasinée de plusieurs manières. Ces relaxations sont classées en deux catégories : les relaxations non radiatives et les relaxations radiatives (ou luminescence). Les relaxations non radiatives évacuent le surplus d'énergie par des conversions mécaniques et thermiques, alors que l'énergie impliquée dans les relaxations radiatives est dissipée par l'émission de photon. Comparées aux autres espèces chimiques, la photophysique et la photochimie des complexes à métaux de transition sont particulièrement riches et attrayantes. Ces composés possèdent en effet un grand nombre d'états électroniques excités de natures très diverses, très proches en énergie, situés dans le visible et le proche ultraviolet [**Vol98**]. La dénomination des états excités des complexes de métaux de transition est fonction du changement qu'ils induisent dans la répartition de la densité électronique de la molécule (différents transferts de charge).

1.1. Applications des complexes organométalliques

Les composés organométalliques sont connus pour l'utilisation comme catalyseurs dans les réactions chimiques. C'est par exemple le cas de certains dérivés du platine, du palladium, du rhodium, du ruthénium et d'autres métaux rares. Le rhodium est un catalyseur les plus employés (procédé Monsanto : synthèse de l'acide acétique ; hydrogénation catalytique : catalyseur de Wilkinson...). Les métallocènes (le ferrocène étant le plus connu) sont par exemple utilisés dans certaines synthèses de nanotubes de carbone utilisant des méthodes de déposition chimique en phase vapeur [**Bai03**]. Il existe de très nombreux complexes bio-inorganiques à base de métaux de transition (30 % des enzymes y font appel) : Mo dans nitrogénase, Cu dans hémocyanine des mollusques ou chaîne respiratoire, Co dans la vitamine B12, ...

Depuis plus de cinquante ans, l'industrie chimique utilise les complexes organométalliques pour leurs capacités de catalyseurs, c'est-à-dire leur pouvoir de participer à la transformation de produits naturels dans des réactions utilisant un minimum d'énergie. Le rôle joué par la partie métallique du complexe est majeur comme c'est par exemple le cas de certains dérivés du platine, du palladium, du rhodium, du ruthénium et d'autres métaux rares. Le phosgène, utilisé autrefois comme gaz de combat, est un réactif très toxique à base de chlore et d'oxyde de carbone et sert aujourd'hui à la fabrication de produits destinés à l'agriculture. Les chimistes ont réfléchi aux possibilités de remplacer dans ces réactions, le phosgène par le gaz carbonique (CO_2) présent en surabondance sur la planète et d'utiliser pour cela des complexes organométalliques. En fabriquant des composés organométalliques insaturés en électrons, il est possible de leur conférer la propriété de réagir avec l'oxygène. Ainsi, on peut fabriquer un absorbeur d'oxygène. Par exemple, une capsule contenant un complexe organométallique peut être introduite dans l'emballage d'un produit alimentaire que l'on souhaite mettre à l'abri de l'air mais non sous vide. Le contenu de la capsule absorbe tout l'oxygène de l'air présent dans l'enveloppe et élimine les risques de dégradation du produit. Un second développement industriel est l'indicateur coloré détecteur d'oxygène : placé dans l'emballage d'un produit mis sous vide, une capsule change de couleur lorsqu'elle est mise au contact de l'air durant quelques heures. Par un simple coup d'œil, le consommateur peut ainsi vérifier l'étanchéité de l'emballage.

D'une manière générale, les complexes organométalliques riches en carbone et contenant des chaînes π-conjuguées sont des matériaux intéressants pour l'étude des processus de transfert d'électrons [**Bru00, Dem00, Won00**], la formation de cristaux liquides [**Lon03**], la conception de composants moléculaires [**Tou00, War95**] ou encore pour des applications en ONL [**Oni99**]. En effet, organisés en molécules ou polymères, ils peuvent devenir des matériaux possédant des propriétés ONL remarquables.

1.2. Complexes organométalliques en ONL

Depuis le début des années 1990, les travaux de recherche sur les systèmes organométalliques ont été fortement intensifiés. En effet, l'incorporation de métaux de transition dans les systèmes organiques et inorganiques déjà très utilisés en ONL a donné une nouvelle dimension à l'étude de ces systèmes. En effet, les métaux de transition possèdent une large diversité d'états d'oxydation et de ligands induisant une plus grande activité ONL. L'intérêt des complexes organométalliques en ONL vient de leurs capacités électroniques particulières en terme de transfert de charge [**Bar00, Cal91, Lac01, LeB00**]. En effet, leurs spectres optiques présentent souvent des transitions intenses dans le visible mettant en jeu des transferts de charge du métal vers le ligand ou inversement. En particulier, les complexes organométalliques acétylures ayant une structure linéaire du type M-C≡C-R génèrent un fort couplage entre le métal et la chaîne organique π-conjuguée et possèdent par conséquent de fortes non-linéarités optiques [**Cif04, Pow04**]. Des études théoriques et expérimentales sur ces complexes ont montré que la forte hyperpolarisabilité du second ordre dépend de la longueur de la chaîne π-conjuguée et de la force des fragments donneur et accepteur. De plus, il a été observé que la réponse non linéaire du second ordre augmente grâce aux multiples liaisons métal-carbone présentes dans ce type de complexes [**Cal91**]. Le paramètre structural qui traduit cette notion est la mesure du paramètre BLA (pour *Bond Length Alternation* en anglais) qui correspond à la différence des longueurs moyennes des doubles et simples liaisons C-C du transmetteur. Ce paramètre permet d'évaluer les non-linéarités optiques des composés (il ne doit pas y avoir une trop grande distorsion du squelette moléculaire conduisant à une localisation de la charge) et dépend de la structure chimique de la molécule (topologie, force des fragments donneur et accepteur) et de l'environnement de la molécule (polarité du milieu). Sur la base de ces considérations, il est donc possible d'optimiser la géométrie des molécules et d'accéder à des réponses optoélectroniques très élevées.

Plus particulièrement, à coté des composés unidimensionnels, ont également été développés des complexes polymétalliques et des systèmes multipolaires bi- et tridimensionnels [**Bre92, Led05, Sen02, Zys94**] comme par exemple les systèmes octupolaires. En effet, le caractère tensoriel de la non-linéarité du deuxième ordre permet d'envisager la conception de molécules présentant une symétrie plus élevée (systèmes trigonaux et tétraédriques) que la symétrie dipolaire.

1.3. Complexes organométalliques à base de ruthénium

Le ruthénium, de symbole *Ru* et provenant du mot latin *Ruthenia* signifiant Russie, est aujourd'hui disponible commercialement (production mondiale de l'ordre de 12 tonnes par an soit 1 m^3 environ). Il a été identifié et isolé en 1844 par Klaus qui a montré que l'oxyde de ruthénium contenait un nouveau métal et en a extrait six grammes de la partie insoluble du platine brut dans l'eau régale (mélange de trois volumes d'acide chlorhydrique avec un volume d'acide nitrique capable de dissoudre certains métaux). Avec le rhodium, le palladium, l'osmium, l'iridium, et le platine, il appartient à un des six éléments du groupe des platinoïdes. On le rencontre la plupart du temps à l'état natif (sous forme de métal argenté brillant avec une structure cristalline hexagonale) ou en alliage avec du platine. Le minéral le plus important est la laurite (RuS$_2$). On rencontre également des traces de ruthénium dans une série de minerais de nickel et de cuivre. Il est inaltérable à l'air et pratiquement inattaquable par les acides à moins d'ajouter du chlorate de potassium. Il est connu pour être utilisé comme supraconducteur ou encore comme catalyseur en chimie et permet également d'augmenter la dureté du platine, du palladium et du titane. Il est utilisé dans de nombreuses applications : bijoux, plumes de stylo, électrodes de bougies d'allumage haut de gamme, séparateurs des couches magnétiques des disques durs d'ordinateurs (technologie « IBM Pixie-Dust »), ...

Dans la classification périodique, il appartient à la famille des métaux de transition (groupe 8, période 5) et sa masse molaire est égale à 101,07 g.mol^{-1}. Son numéro atomique est Z=44 et sa configuration atomique est [Kr]4d^{7}5s^1. On peut trouver le ruthénium sous divers degrés d'oxydation (2, 3, 4, 6 et 8). Les niveaux d'énergie des orbitales moléculaires peuvent être décrites par une combinaison linéaire des orbitales atomiques du métal et des orbitales moléculaires des ligands.

Les complexes de ruthénium font partie des composés organométalliques les plus étudiés en ONL [**Coe06, LeB00, Hou96, Ume02, Yua07**] du fait de leur versatilité et accessibilité synthétique, de leur stabilité (chimique et thermique) et de la réversibilité du couple rédox Ru^{II}/Ru^{III} [**Coe99, Sak93**]. En particulier, les complexes organométalliques ruthénium acétylures représentent une des classes de complexes métalliques les plus étudiées en ONL du second ordre [**DiB01, McD99**]. Le métal agit le plus souvent en tant que fragment donneur dans une structure [Donneur-Transmetteur-Accepteur] (ou système dit *push-pull*) et la non-linéarité du second ordre peut alors être reliée aux excitations de basse énergie du transfert de charge métal-ligand. Dans ces complexes, les fragments métalliques sont directement incorporés dans le même plan que celui de la chaîne organique π-conjuguée, répondant ainsi aux exigences de conception de chromophores push-pull possédant de fortes efficacités de second harmonique [**Bur94, Che87**]. De plus, les complexes organométalliques de type métal acétylure présentent de bonnes prédispositions à l'ONL cubique [**Whi95b**]. Il a été même montré plus récemment que l'existence d'une forte délocalisation électronique sur la chaîne π-conjuguée étendue de ce type de systèmes était à l'origine de phénomènes ONL du troisième ordre [**Hur02, McD99, Pow03**]. A cet égard, les dérivés acétylures de ruthénium(II) sont très étudiés en ONL [**Bur94, Che87, Hur01, Hur02**], le fragment ruthénium-acétylure étant un très fort donneur pouvant concurrencer les donneurs organiques les plus forts [**Jay99, Leb98**]. En effet, ces propriétés proviennent principalement du résultat du recouvrement entre les orbitales atomiques *d* du ruthénium et les orbitales moléculaires du système π-conjugué, et peuvent ainsi être modifiées systématiquement à travers la variation du système π-conjugué ou de la richesse électronique du fragment ruthénium-acétylure.

2. Présentation des complexes organométalliques étudiés

Dans cette thèse, nous avons étudié les propriétés ONL de deux séries de complexes organométalliques (série 1 : complexes **A-E** et série 2 : complexes **F-I'**) possédant un fragment donneur commun de ruthénium-acétylure $trans[(dppe)_2Ru-C\equiv C-]$ (dppe = diphénylphosphinoéthane). Les ligands phosphines électrodonneurs sont particulièrement appréciés en ONL puisqu'ils enrichissent le métal en électrons tout en améliorant la stabilité de la molécule. Actuellement, les complexes organométalliques acétylures représentent une des séries de complexes métalliques les plus largement étudiées [**Lon03, McD99**]. La liaison métal-carbone et la délocalisation électronique au travers d'un système π-conjugué étendu vers un accepteur sont les critères d'efficacité associés à cette conception. Les critères évoqués dans la littérature [**Hou96, Lon03, Whi95a**] permettant de tendre à une meilleure efficacité ONL suggèrent un allongement du système π-conjugué reliant le fragment donneur au fragment accepteur et imposent une liaison multiple à la liaison "métal-carbone" du fragment organométallique.

Les complexes **A-C** de la première série étudiée ont la particularité d'être formés par un fragment N,N-dibutylamine et un fragment azobenzène fonctionnalisés dans le but d'étudier la dynamique de formation de réseaux de surface photo-induits. Les deux autres complexes **D-E** de la première série ont servi à identifier le rôle de ces derniers fragments sur les non-linéarités optiques et sur la formation des réseaux de surface.

Les complexes **F-I'** de la deuxième série sont des systèmes *push-pull* planaires possédant un même donneur (le fragment ruthénium-acétylure) et différents transmetteurs et accepteurs. Les différentes configurations proposées nous ont permis de mettre en évidence l'influence des variations de la structure chimique de ces complexes sur les non-linéarités optiques du deuxième et troisième ordre.

Les complexes organométalliques faisant l'objet de cette étude ont été synthétisés et étudiés en spectroscopie UV-Visible et en voltampérométrie cyclique par le Dr Jean-Luc Fillaut, chargé de recherche CNRS à l'Université de Rennes 1 (Sciences chimiques de Rennes - UMR CNRS 6226). Les méthodes de synthèse employées pour la préparation de ces complexes ont été adaptées à partir de procédures reportées précédemment : [**Fil05a, Lem03**] pour la série 1 et [**Fil05b**] pour la série 2.

2.1. Complexes A-E

Les complexes organométalliques **A-E** (voir figures 3.1 à 3.6) ont été synthétisés sous forme de poudre (50 à 100 mg chacun) puis caractérisés optiquement en solution dans un solvant (le dichlorométhane) et sous forme de couches minces en vue d'étudier leurs propriétés ONL et leur structuration photo-induite.

Les complexes **A-C** possèdent un ligand composé d'un fragment N,N-dibutylamine et d'un fragment azobenzène dont la représentation planaire est illustrée sur la figure suivante :

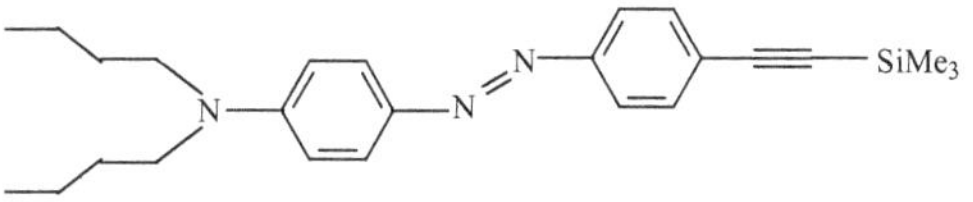

Figure 3.1 : Représentation planaire du ligand azobenzène

Le complexe **A** (voir figure 3.2) possède un fragment chloré relié au fragment donneur ruthénium-acétylure. Sa masse molaire est égale à 1265,36 g.mol^{-1} et sa formule chimique est $C_{74}H_{74}ClN_3P_4Ru$ ou *trans*-[Ru(4-C≡CC$_6$H$_4$N=NC$_6$H$_4$-N(C$_4$H$_9$)$_2$)Cl(dppe)$_2$].

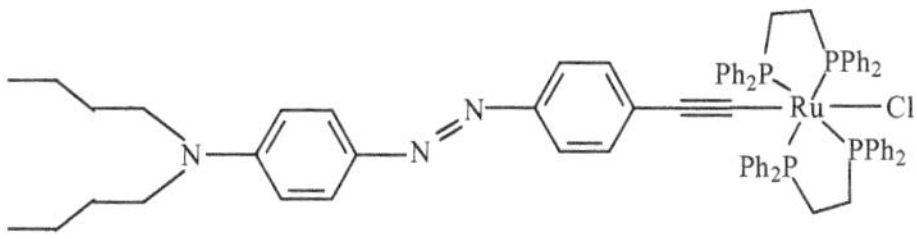

Figure 3.2 : Représentation planaire du complexe **A**

Le complexe **B** (voir figure 3.3) possède un fragment benzaldéhyde relié au fragment donneur ruthénium-acétylure. Sa masse molaire est égale à 1359,42 g.mol^{-1} et sa formule chimique est $C_{83}H_{79}N_3OP_4Ru$ ou *trans*-[Ru(4-C≡CC$_6$H$_4$N=NC$_6$H$_4$-N(C$_4$H$_9$)$_2$)(4-C≡CC$_6$H$_4$CHO)(dppe)$_2$].

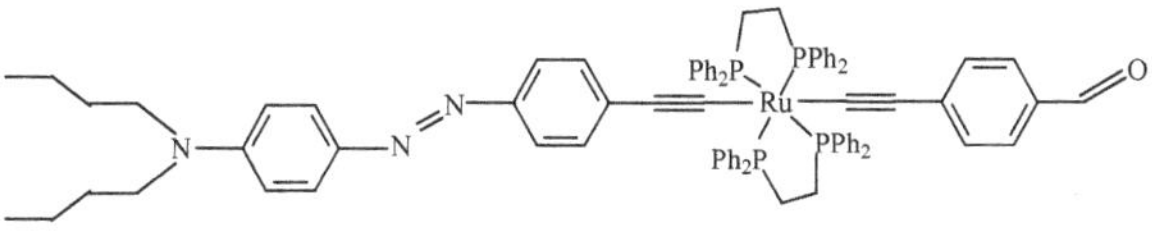

Figure 3.3 : Représentation planaire du complexe **B**

Le complexe **C** (voir figure 3.4) possède un fragment thiophène carboxaldéhyde relié au fragment donneur ruthénium-acétylure. Sa masse molaire est égale à 1365,38 g.mol^{-1} et sa formule chimique est $C_{81}H_{77}N_3OP_4RuS$ ou *trans*-[Ru(4-C≡CC$_6$H$_4$N=NC$_6$H$_4$-N(C$_4$H$_9$)$_2$)(4-C≡CC$_4$H$_2$SCHO)(dppe)$_2$].

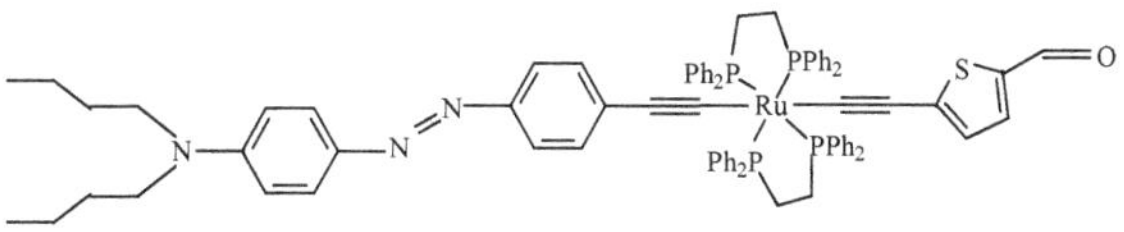

Figure 3.4 : Représentation planaire du complexe **C**

Le complexe *push-pull* **D** (voir figure 3.5) possède un fragment donneur ruthénium-acétylure, un transmetteur benzaldéhyde π-conjugué et un accepteur formyle CHO (idem complexe **B** sans les fragments N,N-dibutylamine et azobenzène). Sa masse molaire est égale à 1062,18 g.mol^{-1} et sa formule chimique est $C_{61}H_{53}ClOP_4Ru$ ou *trans*-[Ru(4-C≡CC$_6$H$_4$CHO)Cl(dppe)$_2$].

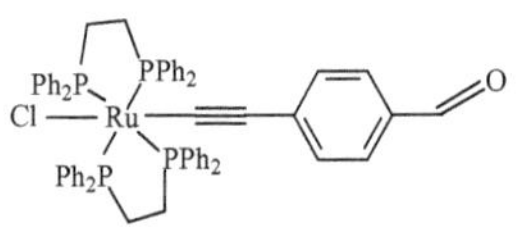

Figure 3.5 : Représentation planaire du complexe **D**

Le complexe *push-pull* **E** (voir figure 3.6) possède un fragment donneur ruthénium-acétylure, un transmetteur thiophène carboxaldéhyde π-conjugué et un accepteur formyle CHO (idem complexe **C** sans les fragments N,N-dibutylamine et azobenzène). Sa masse molaire est égale à 1068,13 g.mol^{-1} et sa formule chimique est $C_{59}H_{51}ClOP_4RuS$ ou *trans*-[Ru((4-C≡CC$_4$H$_2$SCHO)(dppe)$_2$].

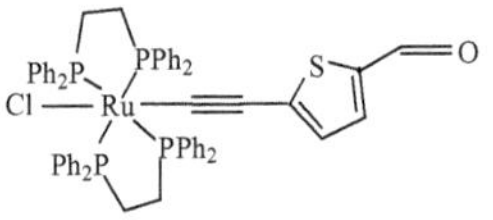

Figure 3.6 : Représentation planaire du complexe **E**

2.2. Complexes F-I'

Les complexes organométalliques **F-I'** (voir figures 3.8 à 3.15) ont été synthétisés sous forme de poudre (50 à 100 mg chacun) puis caractérisés optiquement en solution dans du dichlorométhane et fonctionnalisés dans des matrices de polymère PMMA (polyméthacrylate de méthyle) en vue d'étudier leurs propriétés ONL. Ces molécules sont assimilables à un interrupteur moléculaire puisque sa topologie peut être complètement et réversiblement modifiée par voie chimique (séries de protonation/déprotonation réversibles au niveau du donneur et de l'accepteur) ou modulée par des effets de solvant. Fillaut et al. [**Fil01, Fil02**] ont remarqué que les complexes ruthénium-acétylure possédant un accepteur méthylène-barbiturique, comme c'est le cas pour ces complexes, présentent des propriétés électroniques très modulables. En effet, ce type de complexes montre une très grande sensibilité à la nature des solvants et à l'interaction soluté-solvant (solvatochromisme) [**Gus98**] dans lesquels ils sont placés et qui se traduit visuellement par des changements notables de la couleur des solutions. Ces matériaux peuvent agir par exemple comme des capteurs anioniques efficaces exhibant de larges variations de couleur [**Fil05b, Fil07**]. Les complexes **F-F', G-G', H-H'** et **I-I'** sont des complexes homomorphiques, les uns possédant un accepteur méthylène-barbiturique *trans*-[CH=(pyrimidine-2,4,6-trione)] (complexes **F-I**) avec des groupes N-H pouvant prétendre à des interactions hydrogènes avec le milieu et les autres possédant un accepteur méthylène-diméthyl-barbiturique *trans*-[CH=(1,3-diméthylpyrimidine-2,4,6-trione)] (complexes **F'-I'**) dont les deux groupes N-CH$_3$ (ou N-Me) lui interdisent de telles interactions. Sur cette série de complexes qui possèdent toujours le même donneur, nous avons étudié l'influence de la variation du transmetteur π-conjugué et de deux types d'accepteurs basés sur un acide barbiturique (avec R=H ou R=Me) sur leurs propriétés ONL du deuxième et troisième ordre. Les complexes colorés étudiés ont été obtenus en poudre avec de modestes à bons rendements (voir tableau 3.1). Seul le complexe **I** possédant un accepteur méthylène-barbiturique (R=H) et un transmetteur le fragment thiophène-ène-thiophène n'a pas pu être synthétisé pour des raisons de trop faible solubilité du ligand.

Complexes	Transmetteur	R	Rdt (%)	λ_{max} (nm)
F	Phényle	H	76	588
F'		Me	70	571
G	Thiophène	H	65	606
G'		Me	63	593
H	Bithiophène	H	66	681
H'		Me	60	655
I	Thiophène-ène-thiophène	H	*Non synthétisé*	
I'		Me	43	672

Tableau 3.1 : Synthèse des complexes **F-I'**, rendements et longueurs d'onde maximales d'absorption

Le complexe *push-pull* **F** (voir figure 3.7) possède un fragment donneur ruthénium-acétylure, un transmetteur phényle π-conjugué et un accepteur méthylène-barbiturique. Sa masse molaire est égale à 1172,19 g.mol^{-1} et sa formule chimique est C$_{65}$H$_{55}$ClN$_2$O$_3$P$_4$Ru ou *trans*-[RuCl(dppe)$_2$(C≡C-*p*-phenyl-CH={pyrimidine-2,4,6-trione})].

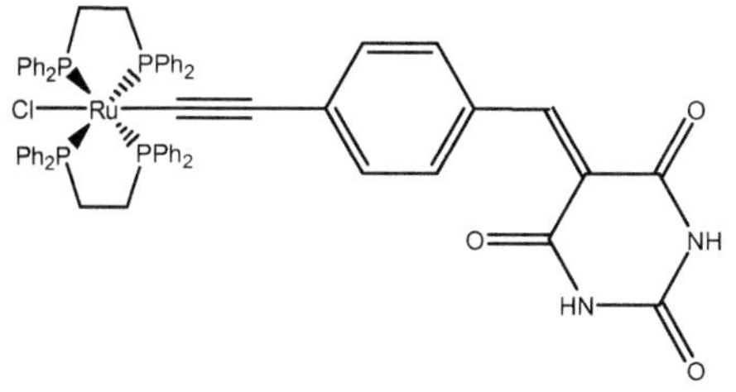

Figure 3.7 : Représentation planaire du complexe **F**

Le complexe *push-pull* **F'** (voir figure 3.8) possède un fragment donneur ruthénium-acétylure, un transmetteur phényle π-conjugué et un accepteur méthylène-diméthyl-barbiturique. Sa masse molaire est égale à 1200,22 g.mol^{-1} et sa formule chimique est $C_{67}H_{59}ClN_2O_3P_4Ru$ ou *trans*-[RuCl(dppe)$_2$(C≡C-*p*-phenyl-CH={1,3-dimethylpyrimidine-2,4,6-trione})].

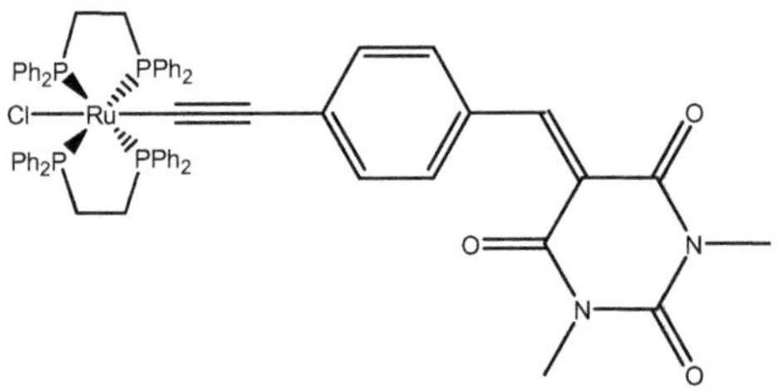

Figure 3.8 : Représentation planaire du complexe **F'**

Le complexe *push-pull* **G** (voir figure 3.9) possède un fragment donneur ruthénium-acétylure, un transmetteur thiophène π-conjugué et un accepteur méthylène-barbiturique. Sa masse molaire est égale à 1178,15 g.mol^{-1} et sa formule chimique est $C_{63}H_{53}ClN_2O_3P_4RuS$ ou *trans*-[RuCl(dppe)$_2$(C≡C-5-{thien-2-yl}-CH={pyrimidine-2,4,6-trione})].

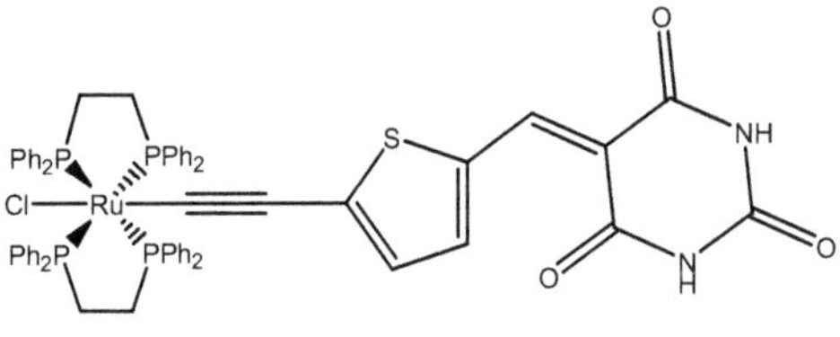

Figure 3.9 : Représentation planaire du complexe **G**

Le complexe *push-pull* **G'** (voir figure 3.10) possède un fragment donneur ruthénium-acétylure, un transmetteur thiophène π-conjugué et un accepteur méthylène-diméthyl-barbiturique. Sa masse molaire est égale à 1206,18 g.mol^{-1} et sa formule chimique est $C_{65}H_{57}ClN_2O_3P_4RuS$ ou *trans*-[RuCl(dppe)$_2$(C≡C-5-{thien-2-yl}-CH={1,3-dimethylpyrimidine-2,4,6-trione})].

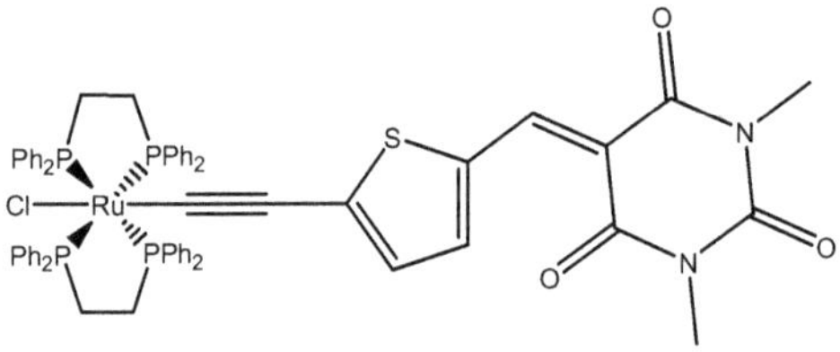

Figure 3.10 : Représentation planaire du complexe **G'**

Le complexe *push-pull* **H** (voir figure 3.11) possède un fragment donneur ruthénium-acétylure, un transmetteur bithiophène π-conjugué et un accepteur méthylène-barbiturique. Sa masse molaire est égale à 1260,13 g.mol^{-1} et sa formule chimique est $C_{67}H_{55}ClN_2O_3P_4RuS_2$ ou *trans*-[RuCl(dppe)$_2$(C≡C-5'-{[2,2']bithien-5-yl}-CH={pyrimidine-2,4,6-trione})].

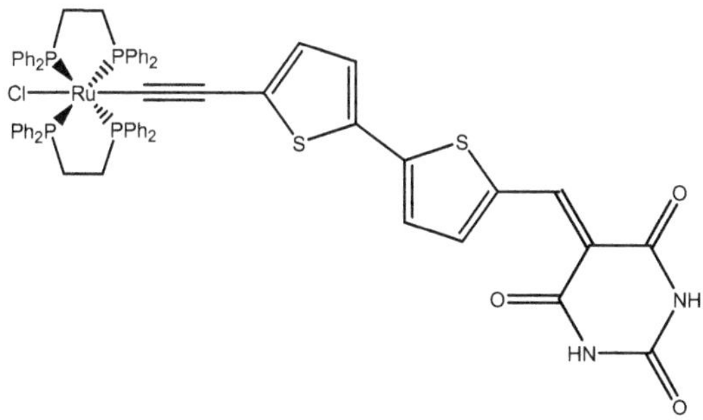

Figure 3.11 : Représentation planaire du complexe **H**

Le complexe *push-pull* **H'** (voir figure 3.12) possède un fragment donneur ruthénium-acétylure, un transmetteur bithiophène π-conjugué et un accepteur méthylène-diméthyl-barbiturique. Sa masse molaire est égale à 1288,16 g.mol^{-1} et sa formule chimique est $C_{69}H_{59}ClN_2O_3P_4RuS_2$ ou *trans*-[RuCl(dppe)$_2$(C≡C-5'-{[2,2']bithien-5-yl}-CH={1,3-dimethylpyrimidine-2,4,6-trione})].

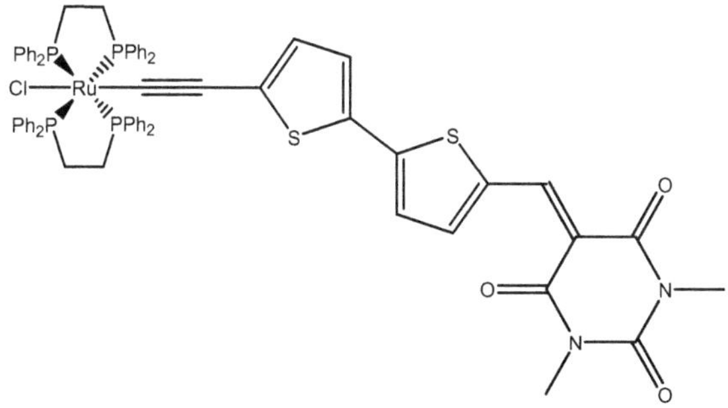

Figure 3.12 : Représentation planaire du complexe **H'**

Le complexe *push-pull* **I** (voir figure 3.13) possède un fragment donneur ruthénium-acétylure, un transmetteur thiophène-ène-thiophène π-conjugué et un accepteur méthylène-barbiturique. Sa masse molaire est égale à 1286,15 g.mol^{-1} et sa formule chimique est $C_{69}H_{57}ClN_2O_3P_4RuS_2$ ou *trans*-[RuCl(dppe)$_2$(C≡C-5-{thien-2-yl}-C=C-5-{thien-2-yl}-CH={pyrimidine-2,4,6-

trione})]. Ce complexe n'a malheureusement pas pu être synthétisé pour des raisons de trop faible solubilité du ligand.

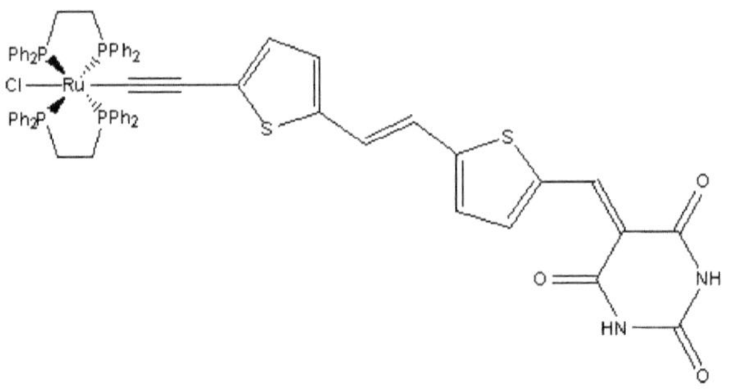

Figure 3.13 : Représentation planaire du complexe **I**

Le complexe *push-pull* **I'** (voir figure 3.14) possède un fragment donneur ruthénium-acétylure, un transmetteur thiophène-ène-thiophène π-conjugué et un accepteur méthylène-diméthyl-barbiturique. Sa masse molaire est égale à 1314,18 g.mol^{-1} et sa formule chimique est $C_{71}H_{61}ClN_2O_3P_4RuS_2$ ou *trans*-[RuCl(dppe)$_2$(C≡C-5-{thien-2-yl}-C=C-5-{thien-2-yl}-CH={1,3-dimethylpyrimidine-2,4,6-trione})].

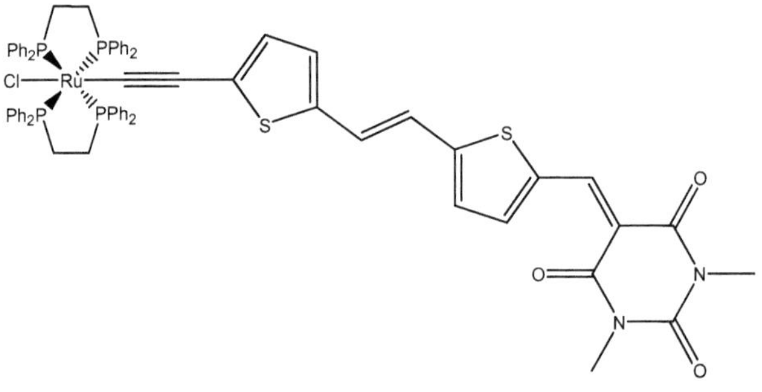

Figure 3.14 : Représentation planaire du complexe **I'**

3. Voltampérométrie cyclique

La voltampérométrie cyclique ou CV (*cyclic voltammetry*) est une technique d'électroanalyse basée sur la mesure du flux de courant résultant de l'oxydation ou de la réduction d'un composé à analyser et présent en solution, sous l'effet d'une variation contrôlée de la différence de potentiel entre deux électrodes. Cette technique permet d'identifier et de mesurer quantitavivement un grand nombre de composés (cations, certains anions, composés organiques), dont certains simultanément, et également d'étudier les réactions chimiques dans lesquelles ces composés interagissent. Le principe de la voltampérométrie cyclique est donc l'obtention d'une réponse (le courant) d'un composé à étudier à une excitation (le potentiel) responsable de la réaction électrochimique désirée [**Bar83, Wan85**]. Les éléments principaux composant la base d'un analyseur voltampérométrique sont : une cellule électrochimique, la solution à analyser, et un circuit électronique associé à un ordinateur.

La cellule électrochimique est généralement basée sur un système à trois électrodes immergées dans la solution à analyser. Les trois électrodes sont :
- une électrode de travail : elle sert de site pour la réaction de transfert d'électrons. La nature de l'électrode de travail est choisie principalement en fonction de son domaine de polarisation, c'est-à-dire la fenêtre de potentiel dans laquelle l'oxydo-réduction d'un composé est mesurable. Par exemple, une électrode en platine permet d'analyser des éléments ayant un potentiel rédox supérieur à 0,2 V. On ne connaît le potentiel de l'électrode de travail que par rapport au potentiel de l'électrode de référence,
- une électrode de référence : elle possède un potentiel constant, ce qui permet d'imposer un potentiel spécifique à l'électrode de travail. Dans notre travail, nous avons utilisé une électrode de référence au calomel saturé (ECS : $Hg/Hg_2Cl_2/KCl_{sat}$) dont le potentiel standard par rapport à une électrode standard à hydrogène (ENH) est $E_{ECS} =$ 241,5 mV,
- une électrode auxiliaire ou contre-électrode (en platine) : elle assure la mesure du courant électrique. La nature de cette électrode est choisie de manière à ne pas produire de substances par électrolyse qui pourraient atteindre la surface de l'électrode de travail et ainsi provoquer des réactions parasites. Cette électrode permet également de minimiser les effets de la chute ohmique dans la solution.

La solution à analyser contient un solvant, un électrolyte-support non électroactif et suffisamment concentré (dans notre cas, 0,1M [n-Bu_4N][PF_6]), et enfin le composé à analyser subissant la réaction rédox à la surface de l'électrode de travail. L'emploi de l'électrolyte-support permet de rendre la solution plus conductrice [**Wan85**]. Les ions de l'électrolyte assurent un courant ionique par migration.

Le circuit électronique permet de convertir le courant i passant entre l'électrode auxiliaire et l'électrode de travail (présence d'un convertisseur courant-tension), en tension, nécessaire pour que le potentiel E appliqué entre l'électrode de travail et l'électrode de référence soit maintenu constant et égal à la valeur de consigne. Cette tension varie entre deux valeurs initiale (état de réduction du composé) et finale (état d'oxydation du composé) bien définies avec une vitesse de balayage constante. On récupère ensuite les courbes donnant $i = f(E)$ appelées voltamogrammes. Le circuit électronique permettant de réaliser ces mesures, appelé potentiostat, est commandé par un ordinateur. Dans notre cas, nous avons utilisé un potentiostat Autolab PGSTAT 30 utilisant le logiciel GPES version 4.7.

La technique de voltampérométrie cyclique a été notamment utilisée dans cette thèse pour déterminer le niveau de l'orbitale moléculaire occupée de plus haute énergie ou niveau HOMO (pour *Highest Occupied Molecular Orbital* en anglais) des complexes organométalliques étudiés. En effet, le processus d'oxydation, qui correspond à l'extraction d'une charge de l'orbitale moléculaire HOMO, nous permet d'estimer le niveau d'énergie de cette orbitale associée au potentiel d'ionisation [**Mil72, Par74, Bre83, Cer97**] par rapport au vide de niveau d'énergie 0 eV. Le niveau de l'orbitale moléculaire inoccupée de plus basse énergie ou niveau LUMO (pour *Lowest Unoccupied Molecular Orbital* en anglais) peut ensuite être déduit à partir de la différence des énergies de l'orbitale HOMO et du gap optique. L'extrapolation de la partie linéaire (voir figure 3.15) de la courbe donnant le coefficient d'absorption molaire en fonction de l'énergie des photons incidents exprimée en eV, permet de déterminer le gap optique du matériau. Le potentiel d'ionisation I_p peut être estimé à l'aide du potentiel d'oxydation E_{ox} en utilisant la relation $I_p \propto (E_{ox} + 4,4)$ eV.

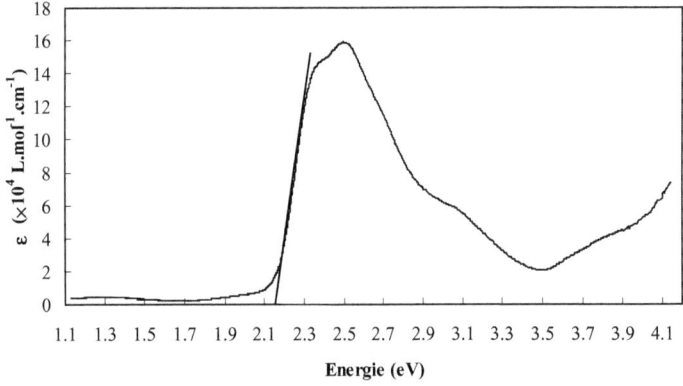

Figure 3.15 : Coefficient d'absorption molaire ε en fonction de l'énergie des photons incidents (complexe **A** en solution dans le dichlorométhane)

Les potentiels d'oxydation des complexes ont été mesurés par voltampérométrie cyclique dans le dichlorométhane (concentration proche de 10^{-3} mol.L^{-1}) à une vitesse de balayage de 200 mV.s^{-1}. Les expériences d'électrochimie ont été réalisées dans un système standard à trois électrodes. NBu$_4$PF$_6$ a été utilisé comme électrolyte-support (concentration voisine de 0,1 mol.L^{-1}), une Electrode au Calomel Saturé (ECS) a servi de référence. L'électrode de travail et la contre-électrode étaient respectivement une électrode de platine et un fil de platine.

4. Préparation des couches minces étudiées

La technique de préparation des couches minces utilisée dans le cadre de cette étude, se décompose en trois étapes principales : le nettoyage du substrat, le dépôt de la solution et enfin le séchage de l'ensemble film-substrat.

Le nettoyage des substrats est une étape importante pour la reproductibilité des résultats. La surface des substrats doit être nettoyée afin d'éliminer toute impureté (graisses, résidus de solvants, ...). Les substrats utilisés dans cette étude sont des morceaux de lames de verre de microscope de type BK7 d'un millimètre d'épaisseur. Le nettoyage de chaque substrat est réalisé par des bains successifs dans une cuve à ultrasons. Les ultrasons créent des micro-bulles d'air favorisant le transport des solutions de nettoyage dans les aspérités du substrat. Les bains successifs sont réalisés selon les étapes suivantes :

- dégraissage sous ultrasons pendant 10 minutes dans un détergent (Déconex) visant à dissoudre les impuretés,
- puis rinçage à l'acétone sous ultrasons pendant 10 minutes (2 fois de suite),
- et enfin séchage à (80 ± 3) °C pendant 5 minutes afin d'évaporer les traces de solvant résiduelles.

Dans notre étude, les dépôts ont été réalisés par la méthode du dépôt à la tournette ou méthode par centrifugation (ou *spin-coating* en anglais). Cette technique est connue pour ses nombreux avantages (homogénéité des couches minces, simplicité et rapidité de mise en oeuvre, reproductibilité, fonctionnement à température ambiante, ...). Cette méthode permet de déposer le matériau à étudier sur le substrat lorsque celui-ci subit un mouvement rotationnel. Après avoir fixé le substrat (par aspiration sous vide) sur la platine de rotation d'un *spin-coater* programmable, on dépose quelques gouttes de la solution totalement dissoute dans un solvant (dans notre cas, le tétrahydrofurane ou THF) à l'aide d'une pipette sur le substrat (voir figure 3.16). Pour éviter que la solution ne sèche trop rapidement, on effectue la rotation de l'échantillon juste après le dépôt, une première fois, pour étaler la goutte entièrement sur la plaque et une deuxième fois, un peu plus rapidement, pour évaporer le solvant et faire varier l'épaisseur. De nombreux paramètres peuvent influer sur l'épaisseur et l'uniformité de la couche déposée tels que la concentration et la viscosité de la solution, l'accélération et la vitesse de rotation, la température, le type de solvant utilisé, l'état de surface du substrat, l'interaction de la solution avec le substrat, ... Dans notre cas, comme il a été difficile d'évaluer précisément ces paramètres, les durées de paliers (comprises entre 5 et 10 secondes) et les vitesses de rotation (comprises entre 800 et 2500 tours/min) ont été optimisées afin de réaliser des couches minces les plus homogènes possibles et d'épaisseur reproductible.

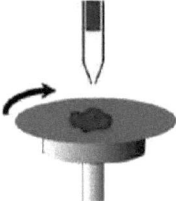

Figure 3.16 : Dépôt d'une goutte de la solution sur un substrat

Après dépôt, les échantillons sont placés dans une étuve à (80 ± 3) °C pendant au minimum une heure (étape de séchage) afin d'éliminer les traces résiduelles de solvant.

La mesure d'épaisseur des couches minces a été réalisée après dépôt et séchage à l'aide d'un profilomètre Veeco Dektak 6M.

5. Conclusion du chapitre

Les complexes organométalliques ont reçu ces dernières années une attention toute particulière car ils tendent à démontrer qu'ils sont des candidats prometteurs pour des applications potentielles en ONL, photonique, nanophotonique et optoélectronique tels que le traitement optique du signal, les communications optiques, l'optique intégrée, ...

Dans ce chapitre, les structures chimiques des deux séries de complexes organométalliques à base de ruthénium étudiés dans le cadre de cette thèse ont été présentées (complexes **A-E** et complexes **F-I'**). Dans ce travail, nous avons notamment cherché à mettre en évidence l'influence des variations de la structure chimique des complexes étudiés sur les non-linéarités optiques du deuxième et troisième ordre mesurées à l'aide de diverses techniques expérimentales détaillées au chapitre 4. D'autre part, les complexes **A-C** de la première série possédant un fragment azobenzène ont été également fonctionnalisés afin d'étudier la dynamique de formation de réseaux de surface photo-induits en régime picoseconde (voir chapitres 4 et 5).

Références du Chapitre 3 :

[Aki04] A.A. Aki, *Microstructure and electrical properties of iron oxide thin films deposited by spray pyrolysis*, Appl. Surf. Sci., **221**, 1-4, 319-329 (2004)

[Ast00] D. Astruc, *Chimie organométallique*, EDP Sciences, Collection Grenoble Sciences (2000)

[Bai03] S. Bai, F. Li, Q. Yang, H. M. Cheng, and J. B. Bai, *Influence of ferrocene/benzene mole ratio on the synthesis of carbon nanostructures*, Chem. Phys. Lett., **376**, 1-2, 83-89 (2003)

[Bar83] A. J. Bard, L. R. Faulkner, *Electrochimie : principes, méthodes et applications*, Masson, 791 (1983)

[Bar00] S. Barlow, and S.R. Marder, *Electronic and optical properties of conjugated group 8 metallocene derivatives*, Chem. Commun., **2000**, 1555-1562 (2000)

[Bor79] P. Bortolus and S. Monti, *Cis-Trans photoisomerization of azobenzene, solvent and triplet donor effects*, J. Phys. Chem., **83**, 6, 648-652 (1979)

[Bos00] C. Bosshard, U. Gubler, P. Kaatz, W. Mazerant, and U. Meier, *Non-phase-matched optical third-harmonic generation in noncentrosymmetric media: Cascaded second-order contributions for the calibration of third-order nonlinearities*, Phys. Rev. B, **61**, 16, 10688-10701 (2000)

[Bou05] G. Boudebs, and S. Cherukulappurath, *Nonlinear refraction measurements in presence of nonlinear absorption using phase object in a 4f system*, Opt. Commun., **250**, 416-420 (2005)

[Boy92] R. W. Boyd, *Nonlinear Optics*, Academic Press Inc. (1992)

[Bre83] J. L. Brédas, R. Silbey, D. S. Boudreux, and R. R. Chance, *Chain-length dependence of electronic and electrochemical properties of conjugated systems: Polyacetylene, polyphenylene, polythiophene, and polypyrrole*, J. Am. Chem. Soc., **105**, 22, 6555-6559 (1983)

[Bre92] J. L. Brédas, F. Meyers, B. M. Pierce, and J. Zyss, ***On** the second-order polarizability of conjugated π-electron molecules with octupolar symmetry: the case of triaminotrinitrobenzene*, J. Am. Chem. Soc., **114**, 12, 4928-4929 (1992)

[Bru00] M. I. Bruce, P. J. Low, K. Costuas, J.-F. Halet, S. P. Best, and G. A. Heath, *Oxidation chemistry of metal-bonded C_4 chains: a combined chemical, spectroelectrochemical, and computational study*, J. Am. Chem. Soc., **122**, 9, 1949-1962 (2000)

[Bur94] D. M. Burland, R. D. Miller, and C. A. Walsh, *Second-order nonlinearity in poled-polymer systems*, Chem. Rev., **94**, 1, 31-75 (1994)

[Cal91] J. C. Calabrese, L.-T. Cheng, J. C. Green, S. R. Marder, and W. Tam, *Molecular second-order optical nonlinearities of metallocenes*, J. Am. Chem. Soc., **113**, 19, 7227-7232 (1991)

[Cer97] R. Cervini, X.-C. Li, W. C. Spencer, A. B. Holmes, S. C. Moratti, and R. H. Friend, *Electrochemical and optical studies of PPV derivatives and poly (aromatic oxadiazoles)*, Synth. Met., **84**, 359-360 (1997)

[Che87] D. S. Chemla, and J. Zyss, *Nonlinear optical properties of organic molecules and crystals*, Academic Press, Orlando, FL (1987)

[Cif04] M. P. Cifuentes, and M. G. Humphrey, *Alkynyl compounds and nonlinear optics*, J. Organomet. Chem., **689**, 3968-3981 (2004)

[Coe99] B. J. Coe, S. Houbrechts, I. Asselberghs, and A. Persoons, *Efficient, reversible redox-switching of molecular first hyperpolarizabilities in ruthenium(II) complexes possessing large quadratic optical nonlinearities*, Angew. Chem. Int. Ed., **38**, 3, 366-369 (1999)

[Coe06]   B. J. Coe, Acc. Chem. Res., *Switchable nonlinear optical metallochromophores with pyridinium electron acceptor groups*, **39**, 6, 383-393 (2006)

[Dan03]   C. Daniel, *Electronic spectroscopy and photoreactivity in transition metal complexes*, Coord. Chem. Rev., **238-239**, 143-166 (2003)

[Dem00]   R. Dembinski, T. Bartik, B. Bartik, M. Jaeger, and J. A. Gladysz, *Toward metal-capped one-dimensional carbon allotropes: Wirelike C_6-C_{20} polyynediyl chains that span two redox-active (η^5-C_5Me_5)Re(NO)(PPh$_3$) endgroups*, J. Am. Chem. Soc., **122**, 5, 810-822 (2000)

[DiB96]   S. Di Bella, I. Fragala, T. J. Marks, and M. A. Ratner, *Large second-order optical nonlinearities in open-shell chromophores. Planar metal complexes and organic radical ion aggregates*, J. Am. Chem. Soc., **118**, 50, 12747-12751 (1996)

[DiB01]   S. Di Bella, *Second-order nonlinear optical properties of transition metal complexes*, Chem. Soc. Rev., **30**, 355-366 (2001)

[Fil01]   J.-L. Fillaut, M. Price, A. L. Johnson, and J. Perruchon, *Synthesis of a double-activated switchable molecule via ruthenium-acetylide barbituric derivatives*, Chem. Comm., **2001**, 739-740 (2001)

[Fil02]   J.-L. Fillaut, J. Andriès, and J. Perruchon, *Ruthenium-acetylide barbituric derivatives: evidence for H-bonding donor effects*, Inorg. Chem. Comm., **5**, 12, 1048-1051 (2002)

[Fil05a] J.-L. Fillaut, J. Perruchon, P. Blanchard, J. Roncali, S. Golhen, M. Allain, A. Migalska-Zalas, I. V. Kityk, and B. Sahraoui, *Design and synthesis of ruthenium oligothienylacetylide complexes. New materials for acoustically induced nonlinear optics*, Organometallics, **24**, 4, 687-695 (2005)

[Fil05b] J.-L. Fillaut, J. Andriès, L. Toupet, and J-P. Desvergne, *Naked eye detection of anions by alkynyl-ruthenium exo-receptors: selective recognition of fluoride anion*, Chem. Comm., **2005**, 2924-2926 (2005)

[Fil07]   J.-L. Fillaut, J. Andriès, J. Perruchon, J.-P. Desvergne, L. Toupet, L. Fadel, B. Zouchoune, and J.-Y. Saillard, *Alkynyl ruthenium colorimetric sensors: Optimizing the selectivity toward fluoride anion*, Inorg. Chem., **46**, 15, 5922-5932 (2007)

[Gub00]   U. Gubler, and C. Bosshard, *Optical third-harmonic generation of fused silica in gas atmosphere: Absolute value of the third-order nonlinear optical susceptibility $\chi^{<3>}$*, Phys. Rev. B, **61**, 16, 10702-10710 (2000)

[Gus98]   T. Gustavsson, L. Cassara, V. Gulbinas, G. Gurzadyan, J.-C. Mialocq, S. Pommeret, M. Sorgius, and P. Van Der Meulen, *Femtosecond spectroscopic study of relaxation processes of three amino-substituted coumarin dyes in methanol and dimethyl sulfoxide*, J. Phys. Chem. A, **102**, 23, 4229-4245 (1998)

[Hou96]   S. Houbrechts, K. Clays, A. Persoons, V. Cadierno, M. Pilar Gamasa, and J. Gimeno, *Large second-order nonlinear optical properties of novel organometallic (σ-aryl-enynyl)ruthenium complexes*, Organometallics, **15**, 25, 5266-5268 (1996)

[Hur01]   S. K. Hurst, M. P. Cifuentes, J. P. L. Morrall, N. T. Lucas, I. R. Whittall, M. G. Humphrey, I. Asselberghs, A. Persoons, M. Samoc, B. Luther-Davies, and A. C. Willis, *Organometallic complexes for nonlinear optics. Quadratic and cubic hyperpolarizabilities of trans-bis(bidentate phosphine)ruthenium σ-arylvinylidene and σ-arylalkynyl complexes*, Organometallics, **20**, 4664-4675 (2001)

[Hur02]   S. K. Hurst, M. P. Cifuentes, A. M. McDonagh, M. G. Humphrey, M. Samoc, B. Luther-Davies, I. Asselberghs, and A. Persoons, *Organometallic complexes for nonlinear optics. Quadratic and cubic hyperpolarizabilities of some dipolar and quadrupolar gold and ruthenium complexes*, J. Organomet. Chem., **642**, 1-2, 259-267 (2002)

[Jay99]   P. C. Jayprakash, R. I. Matsuoka, M. M. Bhadbhade, V. G. Puranik, P. K. Das, H. Nishihara, and A. Sarkar, *Ferrocene in conjugation with a Fischer carbene: Synthesis, NLO, and electrochemical behavior of a novel organometallic Push-Pull system*, Organometallics, **18**, 19, 3851-3858 (1999)

[Kaz94]   P. G. Kazansky, L. Dong, and P. S. J. Russell, *High second order nonlinearities in poled silicate fibers*, Opt. Lett., **19**, 10, 701-703 (1994)

[Kha93]   G. Khanarian, M. A. Mortazavi, and A. J. East, *Phase-matched second-harmonic generation from free-standing periodically stacked polymer films*, Appl. Phys. Lett., **63**, 11, 1462-1464 (1993)

[Lac01]   P.G. Lacroix, *Second-order optical nonlinearities in coordination chemistry: the case of bis(salicylaldiminato)metal schiff base complexes*, Eur. J. Inorg. Chem., **2001**, 339-348 (2001)

[Leb98]   C. Lebreton, D. Touchard, L. Le Pichon, A. Daridor, L. Toupet, and P. H. Dixneuf, *Mono- and bis-alkynyl ruthenium(II) complexes containing the ferrocenyl moiety; crystal structure of trans-[Ru(C≡CC₅H₄FeC₅H₅)₂(Ph₂PCH₂CH₂PPh₂)₂] and electrochemical studies*, Inorg. Chim. Acta., **272**, 188-196 (1998)

[LeB00]   H. Le Bozec, and T. Renouard, *Dipolar and non-dipolar pyridine and bipyridine metal complexes for nonlinear optics,* Eur. J. Inorg. Chem., **2000**, 229-239 (2000)

[Led05]   I. Ledoux-Rak, J. Zyss, T. Le Bouder, O. Maury, A. Bondon, and H. Le Bozec, *Self-ordered dendrimers based on multi-octupolar ruthenium complexes for quadratic nonlinears optics*, J. Lumines., 111, 307-314 (2005)

[Lem03]   G. Lemercier, M. Alexandre, J.-C. Mulatier, and C. Andraud, *Synthesis of a pentaerythritol derivative bearing azo functions*, J. Chem. Res., **2003**, 9, 542-543 (2003)

[Lon03]   N. J. Long, and C. K. Williams, *Metal alkynyl σ complexes: Synthesis and Materials*, Angew. Chem. Int. Ed., **2003**, 42, 2586-2617 (2003)

[McD99]   A. M. McDonagh, M. G. Humphrey, M. Samoc, B. Luther-Davies, S. Houbrechts, T. Wada, H. Sasabe, and A. Persoons, *Organometallic complexes for nonlinear optics. Second and third order optical nonlinearities of octopolar alkynylruthenium complexes*, J. Am. Chem. Soc., 121, 6, 1405-1406 (1999)

[Mil72]   L. L. Miller, G. D. Nordblom, and E. A. Mayeda, *A simple, comprehensive correlation of organic oxydation and ionization potentials*, J. Organic Chem., **37**, 6, 916-918 (1972)

[Mye91]   R. A. Myers, N. Mukherjee, and S. R. J. Brueck, *Large second-order nonlinearity in poled fused silica*, Opt. Lett., **16**, 22, 1732-1734 (1991)

[Nau98]   R. H. Naulty, A. M. McDonagh, I. R. Whittall, M. P. Cifuentes, M. G. Humphrey, S. Houbrechts, J. Maes, A. Persoons, G. A. Heath, D. C. R. Hockless, *Organometallic complexes for nonlinear optics. Molecular quadratic hyperpolarizabilities of trans-bis{bis(diphenylphosphino)methane}ruthenium σ-aryl- and σ-pyridyl-acetylides: X-ray crystal structure of trans-[Ru(2-C≡CC₅H₃N-5-NO₂)Cl(dppm)₂]*, J. Organomet. Chem., **563**, 137-146 (1998)

[Oni99]   K. Onitsuka, M. Fujimoto, N. Ohshiro, and S. Takahashi, *Convergent route to organometallic dendrimers composed of platinum-acetylide units*, Angew. Chem. Int. Ed. Engl., **38**, 5, 689-692 (1999)

[Par74]   V. D. Parker, *Problem of assigning values to energy changes of electrode reactions*, J. Am. Chem. Soc., **96**, 17, 5656-5659 (1974)

[Pow03]   C. E. Powell, M. P. Cifuentes, J. P. Morrall, R. Stranger, M. G. Humphrey, M. Samoc, B. Luther-Davies, and G. A. Heath, *Organometallic complexes for nonlinear optics. Electrochromic linear and nonlinear optical properties of alkynylbis(diphosphine)ruthenium complexes*, J. Am. Chem. Soc., **125**, 2, 602-610 (2003)

[Pow04]   C. E. Powell, and M. G. Humphrey, *Nonlinear optical properties of transition metal acetylides and their derivatives*, Coord. Chem. Rev., **248**, 725-756 (2004)

[Qui03]   Y. Quiquempois, P. Niay, M. Douay, and B. Poumellec, *Advances in poling and permanently induced phenomena in silica-based glasses*, Cur. Opi. Sol. St. Mat. Sc., **7**, 2, 89-95 (2003)

[Sah95]   B. Sahraoui, M. Sylla, J. P. Bourdin, G. Rivoire, and J. Zaremba, *Third-order nonlinear optical properties of ethylenic tetrathiafulvalene derivatives*, J. Modern Opt., **42**, 10, 2095-2107 (1995)

[Sak93]   H. Sakaguchi, L. A. Gomez-Jahn, M. Prichard, T. L. Penner, D. G. Whitten, and T. Nagamura, *Subpicosecond photoinduced switching of second-harmonic generation from a ruthenium complex in supported Langmuir-Blodgett films*, J. Phys. Chem., **97**, 8, 1474-1476 (1993)

[Sen02]   K. Sénéchal, O. Maury, H. Le Bozec, I. Ledoux, and J. Zyss, *Zinc(II) as a versatile template for the design of dipolar and octupolar NLO-phores*, J. Am. Chem. Soc., **124**, 17, 4560-4561 (2002)

[She90]   M. Sheik-Bahae, A. A. Said, T.-H. Wei, D. J. Hagan, and E. W. Van Stryland, *Sensitive measurement of optical nonlinearities using a single beam*, IEEE J. Quantum Electron., **26**, 4, 760-769 (1990)

[Tou00]   J. M. Tour, *Molecular Electronics. Synthesis and testing of components*, Acc. Chem. Res., **33**, 791-804 (2000)

[Ume02]   Y. Umemura, A. Yamagishi, R. Schoonheydt, A. Persoons, and F. De Schryver, *Langmuir-Blodgett films of a clay mineral and ruthenium(II) complexes with a noncentrosymmetric structure*, J. Am. Chem. Soc., **124**, 6, 992-997 (2002)

[Vol98]   A. Volger, and H. Kunkely, *Photoreactivity of metal-to-ligand charge transfer exited states*, Coord. Chem. Rev., **177**, 1, 81-96 (1998)

[Wan85]   J. Wang, *Stripping analysis: Principles, instrumentation and application*, VCH Publishers Inc (1985)

[War95]   M. D. Ward, *Metal-Metal interactions in binuclear complexes exhibiting mixed valency; molecular wires and switches*, Chem. Soc. Rev., **34**, 121-134 (1995)

[Whi95a] I. R. Whittall, M. G. Humphrey, D. C. R. Hockjless, B. W. Skelton, and A. H. White, *Organometallic complexes for nonlinear optics. Syntheses, electrochemical studies, structural characterization, and computationally-derived molecular quadratic hyperpolarizabilities of ruthenium σ-Arylacetylides: X-ray crystal structures of $Ru(C\equiv CPh)(PMe_3)_2(\eta\text{-}C_5H_5)$ and $Ru(C\equiv CC_6H_4NO_2\text{-}4)(L)_2(\eta\text{-}C_5H_5)$ ($L = PPh_3, PMe_3$)*, Organometallics, **14**, 8, 3970-3979 (1995)

[Whi95b] I. R. Whittall, M. G. Humphrey, M. Samoc, J. Swiatkiewicz, and B. Luther-Davies, *Organometallic complexes for nonlinear optics. Cubic hyperpolarizabilities of*

	(cyclopentadienyl)bis(phosphine)ruthenium σ-*arylacetylides*, Organometallics, **14**, 12, 5493-5495 (1995)
[Wil52]	G. Wilkinson, M. Rosenblum, M. C. Whiting, and R. B. Woodward, *The structure of iron bis-cyclopentadienyl*, J. Am. Chem. Soc., **74**, 2125-2126 (1952)
[Won00]	K.-T. Wong, J.-M. Lehn, S.-M. Peng, and G.-H. Lee, *Nanoscale molecular organometallo-wires containing diruthenium cores*, Chem. Commun, **2000**, 2259-2260 (2000)
[Yua07]	P. Yuan, J. Yin, G. Yu, Q. Hu, and S. Hua Liu, *Synthesis and second-order NLO properties of donor-acceptor* σ-*alkenyl ruthenium complexes*, Organometallics, **26**, 1, 196-200 (2007)
[Zys94]	J. Zyss, and I. Ledoux, *Nonlinear optics in multipolar media: theory and experiments*, Chem. Rev., **94**, 1, 77-105 (1994)

Chapitre 4

Techniques expérimentales

Chapitre 4

Table des matières

1. Technique de génération de second harmonique (SHG) 72

   1.1. Description générale 72

   1.2. Modèles théoriques 75
       1.2.1. Modèle de Kurtz et Perry 76
       1.2.2. Modèle de Lee 76
       1.2.3. Modèle de Herman et Hayden 77

   1.3. Montage expérimental 78

2. Technique de génération de troisième harmonique (THG) 79

   2.1. Description générale 79

   2.2. Modèles théoriques 80
       2.2.1. Modèle de Reintjes 80
       2.2.2. Modèle de Kubodera et Kobayashi 83
       2.2.3. Modèle de Kajzar et Messier 83
           2.2.3.1. Cas d'un milieu isotrope 83
           2.2.3.2. Cas d'un film mince déposé sur un substrat 85

   2.3. Montage expérimental 86

3. Méthode Z-scan 87

   3.1. Description générale 87

   3.2. Modèles théoriques 87
       3.2.1. Matériaux sans absorption non linéaire ($\beta = 0$) 89
       3.2.2. Matériaux avec absorption non linéaire ($\beta \neq 0$) 90

   3.3. Montage expérimental 92

4. Mélange quatre ondes dégénéré (DFWM) 93

   4.1. Description générale 93

   4.2. Modèle théorique 95

   4.3. Montage expérimental 98

5. Inscription de réseaux de surface photo-induits 100

6. Microscopie à force atomique (AFM) 101

7. Conclusion du chapitre 104

Liste des Figures

Figure 4.1 : Courbe donnant l'intensité $I_{2\omega}$ en fonction de l'angle θ_i (franges de Maker) 73

Figure 4.2 : Représentation du principe de la technique de SHG 73

Figure 4.3 : Montage expérimental de la technique SHG 78

Figure 4.4 : Propagation d'une onde harmonique dans un milieu non linéaire 2 placé entre deux milieux linéaires (vue de dessus) [**Kaj85**] 83

Figure 4.5 : Film mince déposé sur un substrat placé entre deux milieux linéaires 85

Figure 4.6 : Principe de la méthode Z-scan 87

Figure 4.7 : Transmission non linéaire normalisée avec diaphragme (pour $n_2 < 0$) 89

Figure 4.8 : Transmission non linéaire normalisée sans diaphragme (configuration « Z-scan ouverte » pour $\beta \neq 0$) 91

Figure 4.9 : Montage expérimental de la méthode Z-scan 93

Figure 4.10 : Conjugaison de phase par mélange à quatre ondes 94

Figure 4.11 : Montage expérimental du mélange quatre ondes dégénéré (DFWM) 99

Figure 4.12 : Montage expérimental DTWM 101

Figure 4.13 : Représentation schématique d'un microscope AFM 102

Chapitre 4

Techniques expérimentales

Dans ce chapitre, nous détaillons les approches théoriques et expérimentales des techniques de caractérisation ONL nous permettant de déterminer les propriétés ONL du deuxième et troisième ordre des complexes organométalliques étudiés : techniques de génération du second et troisième harmonique, méthode Z-scan et mélange quatre ondes dégénéré. Nous montrons, notamment, comment il est possible, à partir de ces méthodes, de déduire les valeurs des susceptibilités non linéaires du deuxième et troisième ordre d'un matériau non linéaire. Nous présentons également le montage expérimental utilisé pour inscrire les réseaux de surface photo-induits sur les complexes **A-C** étudiés. Enfin, nous décrivons le principe de la microscopie à force atomique utilisée pour l'observation des réseaux de surface.

1. Technique de génération de second harmonique (SHG)

1.1. Description générale

La génération de second harmonique ou SHG (pour *Second Harmonic Generation* en anglais) consiste à générer une onde de pulsation double 2ω à partir d'un rayonnement incident à la pulsation ω. En effet, la génération de second harmonique est une interaction optique au cours de laquelle deux photons d'énergie $h\upsilon$ (dans notre cas, $\lambda_\omega = 1064$ nm et $h\upsilon = 1,17$ eV) interagissent avec un photon d'énergie $2h\upsilon$ (dans notre cas, $\lambda_{2\omega} = 532$ nm et $2h\upsilon = 2,34$ eV). Cette méthode a été notamment développée dans le but de déterminer la valeur de la susceptibilité non linéaire du deuxième ordre d'un matériau non-centrosymétrique à partir de la mesure de la variation de l'intensité de second harmonique en fonction de l'angle d'incidence (voir figure 4.1). En effet, lorsque l'on fait varier l'angle d'incidence, on fait varier la longueur du chemin optique au sein du matériau non linéaire. Lorsque l'épaisseur du matériau d est supérieure à sa longueur de cohérence L_c, les ondes *forcée* et *libre* (déjà décrites au chapitre 1 de ce manuscrit) interfèrent et l'intensité du signal de second harmonique peut passer par une série de maxima et de minima que l'on nomme *franges de Maker* [**Mak62**].

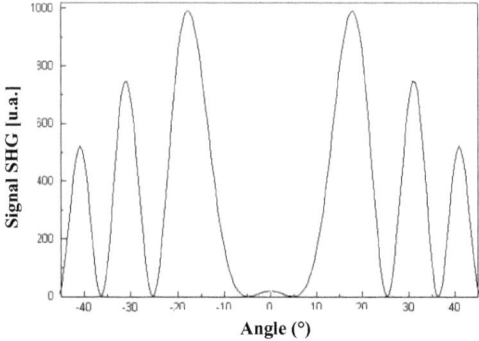

Figure 4.1 : Courbe donnant l'intensité $I_{2\omega}$ en fonction de l'angle θ_i (franges de Maker)

Les franges de Maker deviennent plus serrées avec l'augmentation de l'angle d'incidence $|\theta_i|$ car la longueur du chemin optique dans l'échantillon augmente de façon non linéaire avec $|\theta_i|$ tandis que l'intensité des franges diminue, puisque les pertes causées par réflexion augmentent avec l'accroissement de $|\theta_i|$.

Les franges de Maker caractérisent la variation de la longueur du chemin optique dans l'échantillon lorsque celui-ci subit un mouvement rotationnel (voir figure 4.2). La longueur du chemin optique L dans l'échantillon est donnée par la relation suivante :

$$L = \frac{d}{\cos\theta_t} \quad \text{avec} \quad \theta_t = \arcsin\left[\frac{\sin\theta_i}{n_0}\right] \tag{4.1}$$

où d désigne l'épaisseur du matériau et n_0 l'indice de réfraction du milieu.

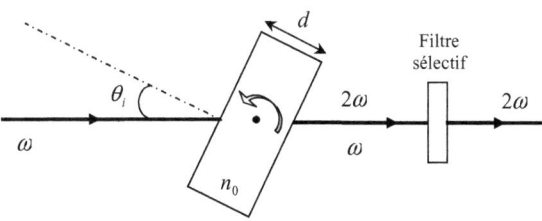

Figure 4.2 : Représentation du principe de la technique de SHG

La variation de la longueur du chemin optique dans l'échantillon entraîne une variation d'un déphasage $\Delta\Psi$ entre les ondes forcée et libre. Dans les milieux isotropes, l'indice de réfraction montre une dispersion normale, on a alors $n_{2\omega} > n_\omega$.

En l'absence d'absorption et de diffusion, l'intensité du second harmonique, obtenue pour un échantillon, dépend du déphasage $\Delta\Psi$:

$$\Delta\Psi = \Delta k\, L = \left(\frac{4\pi \Delta n}{\lambda_\omega}\right) L = \left(\frac{\pi}{L_c}\right) L \qquad (4.2)$$

avec $\quad \Delta n = n_{2\omega} - n_\omega \quad$ et $\quad L_C = \dfrac{\lambda_\omega}{4(n_{2\omega} - n_\omega)} \qquad (4.3)$

où λ_ω désigne la longueur d'onde fondamentale et L_c la longueur de cohérence égale à la distance selon laquelle les ondes forcée et libre du second harmonique accumulent un déphasage égal à π.

Jerphagnon et Kurtz sont les premiers à avoir publié une description théorique des franges [**Jer70**] que Maker avait observées pour la première fois en 1962 [**Mak62**]. Ils considèrent que l'intensité de second harmonique induite par la propagation d'une onde fondamentale à travers un matériau non linéaire est donnée sur la face de sortie par la relation :

$$I_{2\omega} = I_M(\theta)\sin^2\Psi \qquad (4.4)$$

où $\quad \Psi = \dfrac{2\pi}{\lambda_\omega}(n_\omega \cos\theta_\omega - n_{2\omega}\cos\theta_{2\omega}) L \approx \dfrac{\pi}{2}\dfrac{L}{L_c(\theta)} \qquad (4.5)$

désigne le facteur d'interférence entre les ondes forcée et libre, et $L_c(\theta)$ la longueur de cohérence dépendant des angles θ_ω et $\theta_{2\omega}$ précédemment représentés sur la figure 1.1.

L'enveloppe des franges de Maker, $I_M(\theta)$, est donnée par :

$$I_M(\theta) = \left(\frac{1}{n_{2\omega}^2 - n_\omega^2}\right)^2 \left(d_{\mathit{eff}}(\theta)\right)^2 I_\omega^2 \left(t_\omega(\theta)\right)^4 T_{2\omega}(\theta) \qquad (4.6)$$

où $d_{\mathit{eff}}(\theta)$ est la projection du coefficient non linéaire effectif sur le champ électrique de l'onde fondamentale. $t_\omega(\theta)$ et $T_{2\omega}(\theta)$ sont reliés aux coefficients de transmission (coefficients de Fresnel) respectifs des ondes à la pulsation ω et 2ω. Par exemple, si l'on observe la composante polarisée p (soit parallèle au plan d'incidence) de l'onde de second harmonique et dans le cas d'une polarisation s (soit perpendiculaire au plan d'incidence) de l'onde fondamentale, ces coefficients sont donnés par les relations suivantes :

$$t_\omega(\theta) = \frac{2\cos\theta}{n_\omega \cos\theta_\omega + \cos\theta} \qquad (4.7)$$

$$T_{2\omega}(\theta) = \frac{2 n_{2\omega} \cos\theta_{2\omega} (\cos\theta + n_\omega \cos\theta_\omega)(n_\omega \cos\theta_\omega + n_{2\omega}\cos\theta_{2\omega})}{(n_{2\omega}\cos\theta_{2\omega} + \cos\theta)^3} \qquad (4.8)$$

Dans le cas d'une polarisation p de l'onde fondamentale, ils valent :

$$t_\omega(\theta) = \frac{2\cos\theta}{n_\omega \cos\theta + \cos\theta_\omega} \qquad (4.9)$$

$$T_{2\omega}(\theta) = \frac{2 n_{2\omega} \cos\theta_{2\omega}(\cos\theta_\omega + n_\omega \cos\theta)(n_\omega \cos\theta_\omega + n_{2\omega} \cos\theta_\omega)}{(n_{2\omega} \cos\theta + \cos\theta_{2\omega})^3} \qquad (4.10)$$

En choisissant les états de polarisation d'entrée et de sortie du matériau, il est possible d'ajuster, par l'utilisation d'un modèle théorique approprié, la valeur du coefficient non linéaire effectif d_{eff} afin de reproduire les partitions des franges obtenues expérimentalement. Ainsi, nous obtenons une information sur l'ordre d'interférence et donc sur la longueur de cohérence. Afin de calibrer le montage expérimental utilisé, nous avons utilisé, comme matériau de référence, une lame de quartz *y-cut* de 0,5 mm d'épaisseur. Le coefficient non linéaire sollicité est le coefficient $d_{11} = 0,5$ pm/V et la longueur de cohérence du quartz est $L_c \approx 20,5\,\mu\text{m}$ [**Mye91**].

Dans le cas de l'étude d'une couche mince d'un matériau non linéaire déposée sur un substrat centrosymétrique d'indice de réfraction différent, il faut tenir compte, dans l'équation 4.6, de la modification des coefficients de transmission par une interface couche/substrat qui remplace l'interface couche/air et par l'ajout de l'interface substrat/air. Le coefficient t_ω n'est pas modifié et $T'_{2\omega}$, le nouveau coefficient de transmission pour l'onde de second harmonique (en remplaçant l'indice de l'air par celui du substrat dans l'expression précédente) s'écrit :

$$T'_{2\omega} = \left\{ [T_{2\omega}(\theta)]_{(n_{air} \to n_{substrat})} \right\} \times T_{2\omega}^{substrat/air} \qquad (4.11)$$

où :
$$T_{2\omega}^{substrat/air} = \frac{2 n_{2\omega}^{substrat} \cos\theta_{2\omega}^{substrat}}{\cos\theta_{2\omega}^{substrat} + n_{2\omega}^{substrat} \cos\theta_{2\omega}^{sortie}} \qquad (4.12)$$

soit en replaçant dans l'équation 4.8 pour une polarisation s de l'onde fondamentale :

$$T'_{2\omega}(\theta) = \frac{2 n_{2\omega} \cos\theta_{2\omega}(\cos\theta + n_\omega \cos\theta_\omega)(n_\omega \cos\theta_\omega + n_{2\omega} \cos\theta_\omega)}{(n_{2\omega}\cos\theta_{2\omega} + \cos\theta)(n_{2\omega}\cos\theta_{2\omega}^{substrat} + n_{2\omega}^{substrat}\cos\theta_{2\omega})^2} \qquad (4.13)$$

et en replaçant dans l'équation 4.10 pour une polarisation p de l'onde fondamentale :

$$T'_{2\omega}(\theta) = \frac{2 n_{2\omega} \cos\theta_{2\omega}(\cos\theta_\omega + n_\omega \cos\theta)(n_\omega \cos\theta_\omega + n_{2\omega} \cos\theta_\omega)}{(n_{2\omega}\cos\theta + \cos\theta_{2\omega})(n_{2\omega}\cos\theta_{2\omega}^{substrat} + n_{2\omega}^{substrat}\cos\theta_{2\omega})^2} \qquad (4.14)$$

1.2. Modèles théoriques

Les principaux modèles de la littérature possèdent chacun leurs spécificités particulièrement en fonction des types d'échantillons à caractériser (poudre, solution, couche mince, matériau massif, ...).

1.2.1. Modèle de Kurtz et Perry

Le modèle simplifié de Kurtz et Perry [**Kur68**], développé pour des poudres microcristallines, est basé sur la comparaison des propriétés ONL macroscopiques de l'échantillon étudié avec celles d'un échantillon de référence, généralement la poudre jaune nommée POM (ou 3-méthyl-4-nitropyridine-1-oxide) :

$$\frac{\chi^{<2>}}{\chi^{<2>}_{POM}} = \sqrt{\frac{I^{2\omega}}{I^{2\omega}_{POM}}} \qquad (4.15)$$

où $\chi^{<2>}$ et $\chi^{<2>}_{POM}$ désignent respectivement les susceptibilités électriques non linéaires du deuxième ordre du matériau à étudier et du POM ($\chi^{<2>}_{POM} = 12,0$ pm/V [**Gui04**]), et $I^{2\omega}$ et $I^{2\omega}_{POM}$ respectivement les intensités maximales de l'enveloppe du signal de second harmonique du matériau à étudier et du POM.

L'inconvénient majeur de ce modèle simpliste est la forte influence de la cristallinité du matériau à étudier sur la mesure des intensités du signal de second harmonique. En effet, la taille des cristallites influe sur l'accord de phase et par conséquent sur l'intensité du signal de second harmonique. Dans ce cas, il est donc indispensable de connaître avec exactitude la taille des cristallites.

1.2.2. Modèle de Lee

Le modèle simplifié de Lee et al. [**Lee01**] est utilisé pour des couches minces et basé sur la comparaison des propriétés ONL macroscopiques de l'échantillon étudié avec celles d'une lame de cristal de quartz *y-cut* de 0,5 mm d'épaisseur, en tenant compte en particulier de l'épaisseur du film d et de la longueur de cohérence du quartz $l_{c,q}$:

$$\frac{\chi^{<2>}}{\chi^{<2>}_{q}} = \frac{2}{\pi}\frac{l_{c,q}}{d}\sqrt{\frac{I^{2\omega}}{I^{2\omega}_{q}}} \qquad (4.16)$$

avec : $l_{c,q} = \dfrac{\lambda_{\omega}}{4\left(n_{q(2\omega)} - n_{q(\omega)}\right)}$ \qquad (4.17)

où $\chi^{<2>}$ et $\chi^{<2>}_{q}$ désignent respectivement les susceptibilités électriques non linéaires du deuxième ordre du matériau à étudier et du quartz ($\chi^{<2>}_{q} = 1,0$ pm/V [**Kaj01**]), $I^{2\omega}$ et $I^{2\omega}_{q}$ respectivement les intensités maximales de l'enveloppe du signal de second harmonique du matériau à étudier et du quartz, λ_{ω} la longueur d'onde du faisceau fondamental ($\lambda_{\omega} = 1064$ nm), $n_{q(\omega)}$ et $n_{q(2\omega)}$ respectivement les indices de réfraction du quartz à la longueur d'onde des faisceaux fondamental et de second harmonique ($n_{q(\omega)} = 1,534$ à 1064 nm et $n_{q(2\omega)} = 1,547$ à 532 nm [**Mye91**]).

1.2.3. Modèle de Herman et Hayden

Le modèle utilisé dans cette étude pour la caractérisation des matériaux massifs et des couches minces est le modèle développé par Herman et Hayden en 1995 [**Her95**]. Ce modèle a été choisi car il a l'avantage, contrairement aux deux modèles précédents, d'exprimer l'intensité de second harmonique en prenant en compte l'absorption des matériaux aux longueurs d'ondes fondamentale et de second harmonique.

Par exemple, pour un matériau isotrope absorbant non linéaire, en négligeant les réflexions aux différentes interfaces et en considérant une onde fondamentale polarisée s (polarisation verticale) et une onde de second harmonique polarisée p (polarisation horizontale), on peut exprimer cette intensité de la manière suivante [**Her95, Kul07**] :

$$I_{2\omega}^{s \to p}(\theta) = \frac{128\pi^5}{c\lambda^2} \frac{\left[t_{af}^{1s}\right]^4 \left[t_{fs}^{2p}\right]^2 \left[t_{sa}^{2p}\right]^2}{n_{2\omega}^2 \cos^2\theta_{2\omega}} I_\omega^2 \left(L\chi_{eff}^{(2)}\right)^2 \exp[-2(\delta_1 + \delta_2)] \frac{\sin^2\Phi + \sinh^2\Psi}{\Phi^2 + \Psi^2} \quad (4.18)$$

où I_ω et λ désignent respectivement l'intensité lumineuse et la longueur d'onde de l'onde fondamentale, $\chi_{eff}^{<2>}$ la susceptibilité électrique non linéaire effective du second ordre, L l'épaisseur du film, t_{af}^{1s}, t_{fs}^{2p} et t_{sa}^{2p} les coefficients de transmission de Fresnel (système air-film-substrat-air) pour les faisceaux fondamental et de second harmonique. Les angles de phase Φ et Ψ peuvent s'exprimer sous la forme :

$$\Phi = \frac{2\pi L}{\lambda}\left(n_\omega \cos\theta_\omega - n_{2\omega}\cos\theta_{2\omega}\right) \quad (4.19)$$

$$\Psi = \delta_1 - \delta_2 = \frac{2\pi L}{\lambda}\left(\frac{n_\omega \kappa_\omega}{\cos\theta_\omega} - \frac{n_{2\omega}\kappa_{2\omega}}{\cos\theta_{2\omega}}\right) \quad (4.20)$$

où θ_ω et $\theta_{2\omega}$ désignent respectivement les angles entre les faisceaux fondamental et de second harmonique, n_ω et $n_{2\omega}$ respectivement les indices de réfraction des ondes fondamentale et harmonique, κ_ω et $\kappa_{2\omega}$ respectivement les coefficients d'extinction du matériau non linéaire aux pulsations ω et 2ω.

1.3. Montage expérimental

L'ensemble du dispositif expérimental de la technique SHG utilisée dans le cadre de cette étude repose sur une table de granit. La source est un laser Nd:YAG modèle Continuum Leopard D-10 (voir figure 4.3). Il délivre des impulsions d'une durée de 16 ps et de quelques mJ à 1064 nm avec une fréquence de répétition des impulsions de 10 Hz. Deux lames séparatrices (BS) prélèvent une partie du faisceau incident sur une première photodiode modèle Motorola MRD500 (Ph_s) pour synchroniser l'acquisition et sur une deuxième photodiode modèle Hamamatsu S1226-8BK (Ph_c) pour prélever l'énergie du faisceau fondamental. Un système formé d'une lame demi-onde ($\lambda/2$) et d'un polariseur de Glan-Taylor (P) permet de faire varier, si besoin, l'énergie du faisceau incident. Une lentille convergente (L), de distance focale 250 mm, permet de focaliser le faisceau sur l'échantillon dont l'axe de rotation est placé près du foyer de cette lentille. Une platine optique de rotation motorisée modèle Standa 8MR180 a été approvisionnée et fixée sur une platine de translation manuelle de façon à optimiser la position de l'axe de rotation et de l'échantillon vis-à-vis du faisceau laser incident. La platine optique de rotation possède un moteur pas à pas bipolaire de 200 pas par tour et une résolution de 0,01°/pas. Un filtre passe-bas KG3 (F) coupe la longueur d'onde fondamentale transmise à 1064 nm et laisse passer les harmoniques générés. Un second filtre sélectif interférentiel FL532 permet ensuite de conserver uniquement le second harmonique à 532 nm (± 1 nm). Ce filtre est placé à l'intérieur de l'enceinte d'un photomultiplicateur modèle Hamamatsu R1828-01 (PMT) qui mesure l'intensité du signal de second harmonique. Pour chaque échantillon, les mesures de l'intensité du signal du second harmonique en fonction de l'angle d'incidence s'effectuent sur un total de 50 impulsions lasers pour chaque position angulaire. La variation de l'angle d'incidence est effectuée généralement de -50° à +50° autour de la normale au faisceau incident par pas de 0,2°.

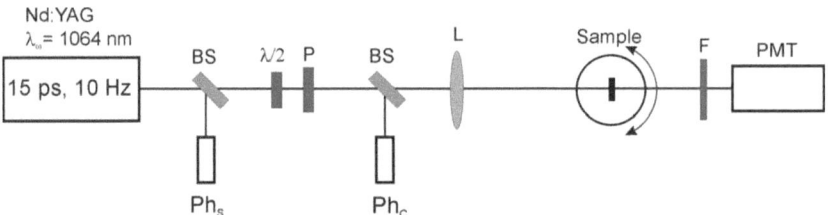

Figure 4.3 : Montage expérimental de la technique SHG

2. Technique de génération de troisième harmonique (THG)

2.1. Description générale

La génération de troisième harmonique ou THG (pour *Third Harmonic Generation* en anglais) consiste à générer une onde de pulsation triple 3ω à partir d'un rayonnement incident à la pulsation ω. En effet, au même titre que la génération de second harmonique, la génération de troisième harmonique est une interaction optique au cours de laquelle trois photons d'énergie $h\upsilon$ (dans notre cas, $\lambda_\omega = 1064$ nm et $h\upsilon = 1,17$ eV) interagissent avec un photon d'énergie $3h\upsilon$ (dans notre cas, $\lambda_{3\omega} = 355$ nm et $3h\upsilon = 3,51$ eV).

La propagation des ondes harmoniques optiques dans les milieux non linéaires isotropes a été décrite en 1962 par Bloembergen et Pershan [**Blo62**]. Plus tard, en 1985, Kajzar et Messier [**Kaj85**] ont formalisé le premier modèle théorique de la technique de THG dans des milieux non linéaires liquides. Ce modèle, étendu en 1986 à des films minces [**Kaj86**], est basé sur le formalisme des ondes planes et sur l'étude du champ électrique harmonique généré dans le milieu non linéaire étudié. Ces travaux ont eu pour principal objectif de décrire les grands principes de la technique de THG en détaillant notamment une méthode de détermination de la contribution électronique de la susceptibilité électrique non linéaire du troisième ordre $\chi^{<3>}$ à partir du relevé des franges de Maker.

En parallèle des travaux de Kajzar et Messier, de nombreuses autres méthodes, utilisant diverses approximations, ont été développées pour quantifier les non-linéarités cubiques en se basant notamment sur les relevés des franges de Maker obtenus par la technique de THG. Différents modèles, comme ceux présentés par exemple par Reintjes [**Rei84**], ou Kubodera et Kobayashi [**Kub90, Wan98**], comparent directement les amplitudes maximales des intensités lumineuses du troisième harmonique du milieu à étudier avec celles d'un matériau de référence (le plus souvent une lame de silice fondue SiO_2 de 1 mm d'épaisseur) utilisé également pour calibrer le montage expérimental.

Nous nous proposons maintenant de présenter les modèles de Reintjes, de Kubodera et Kobayashi, puis le modèle plus complexe de Kajzar et Messier. Une comparaison des résultats obtenus à l'aide de ces trois modèles théoriques est présentée au chapitre 5 et permet de sélectionner le modèle le plus approprié à notre étude.

2.2. Modèles théoriques

2.2.1. Modèle de Reintjes

Ce modèle est basé sur la compréhension du phénomène à l'origine de la création des franges de Maker [**Rei84**]. Dans ce modèle, l'étude du phénomène de troisième harmonique revient à résoudre l'équation d'onde dans un milieu non linéaire, homogène, non magnétique et non conducteur :

$$\vec{\nabla} \times \vec{\nabla} \times \vec{E} + \frac{n^2(3\omega)}{c^2} \frac{\partial^2 \vec{E}}{\partial t^2} = -\frac{4\pi}{c^2} \frac{\partial^2 \vec{P}_{NL}}{\partial t^2} \tag{4.21}$$

où c désigne la vitesse de la lumière dans le vide et $\vec{P}_{NL}$ la polarisation non linéaire du milieu.

En considérant les solutions de l'équation d'onde de la forme :

$$\vec{E} = \frac{1}{2} \left\{ E_1 e^{-i(\omega_1 t)} \vec{e}_1 + E_3 e^{-i(\omega_3 t)} \vec{e}_3 + c.c. \right\} \tag{4.22}$$

et $$\vec{P}_{NL} = \frac{1}{2} \left\{ P_1^{NL} e^{i(k_1 z - \omega_1 t)} \vec{e}_1 + P_3^{NL} e^{i(k_3 z - \omega_3 t)} \vec{e}_3 + c.c. \right\} \tag{4.23}$$

En posant $E_i = A_{i\omega} e^{ik_{i\omega} z}$, l'équation 4.22 devient :

$$\vec{E} = \frac{1}{2} \left\{ A_\omega e^{i(k_\omega z - \omega_1 t)} \vec{e}_1 + A_{3\omega} e^{-i(k_{3\omega} z - \omega_3 t)} \vec{e}_3 + c.c. \right\} \tag{4.24}$$

où A_ω et $A_{3\omega}$ désignent respectivement les amplitudes du champ incident (ou fondamental) et du champ harmonique.

Puisque les champs considérés dans notre étude ne dépendent que de la coordonnée longitudinale z, on obtient alors :

$$\frac{\partial^2 E}{\partial z^2} = \frac{1}{2} \frac{\partial^2}{\partial z^2} \left\{ A_\omega e^{i(k_\omega z - \omega_1 t)} + A_{3\omega} e^{i(k_{3\omega} z - \omega_3 t)} + c.c. \right\} \tag{4.25}$$

$$\frac{\partial^2 E}{\partial z^2} = \nabla^2 A_\omega + ik_\omega \frac{\partial A_\omega}{\partial z} e^{i(k_\omega z - \omega_1 t)} - \frac{1}{2} A_\omega k_\omega^2 e^{i(k_\omega z - \omega_1 t)}$$
$$+ \nabla^2 A_{3\omega} + ik_{3\omega} \frac{\partial A_{3\omega}}{\partial z} e^{i(k_{3\omega} z - \omega_3 t)} - \frac{1}{2} A_{3\omega} k_{3\omega}^2 e^{i(k_{3\omega} z - \omega_3 t)} + c.c. \tag{4.26}$$

Concernant le second terme de gauche de l'équation 4.21, on trouve :

$$\frac{n^2(3\omega)}{c^2} \frac{\partial^2 E}{\partial t^2} = \frac{1}{2} \frac{n^2(3\omega)}{c^2} \frac{\partial^2}{\partial t^2} \left\{ A_\omega e^{i(k_\omega z - \omega_1 t)} + A_{3\omega} e^{i(k_{3\omega} z - \omega_3 t)} + c.c. \right\}$$

$$= \frac{1}{2} \frac{n^2(3\omega)}{c^2} \left\{ A_\omega \omega_1^2 e^{i(k_\omega z - \omega_1 t)} + A_{3\omega} \omega_3^2 e^{i(k_{3\omega} z - \omega_3 t)} + c.c. \right\} \tag{4.27}$$

Comme $k = \dfrac{n\omega}{c}$ alors $\dfrac{n_i^2 \omega_i^2}{c^2} = k_i^2$, on a alors :

$$\dfrac{n^2(3\omega)}{c^2}\dfrac{\partial^2 E}{\partial t^2} = \dfrac{1}{2}A_\omega k_\omega^2 e^{i(k_\omega z - \omega_1 t)} + \dfrac{1}{2}A_{3\omega} k_{3\omega}^2 e^{i(k_{3\omega} z - \omega_3 t)} + c.c. \qquad (4.28)$$

En additionnant les expressions 4.26 et 4.28 et d'après l'approximation des enveloppes lentement variables, on a alors :

$$\dfrac{\nabla^2 \vec{E}}{\partial z^2} + \dfrac{n^2(3\omega)}{c^2}\dfrac{\partial^2 \vec{E}}{\partial t^2} = ik_\omega \dfrac{\partial A_\omega}{\partial z} e^{i(k_\omega z - \omega_1 t)} \vec{e_1} + ik_{3\omega}\dfrac{\partial A_{3\omega}}{\partial z} e^{i(k_{3\omega} z - \omega_3 t)} \vec{e_3} + c.c. \qquad (4.29)$$

Et pour le second terme de l'équation 4.21, on obtient :

$$-\dfrac{4\pi}{c^2}\dfrac{\partial^2 \vec{P_{NL}}}{\delta t^2} = -\dfrac{1}{2}\dfrac{4\pi}{c^2}\dfrac{\partial^2}{\partial t^2}\left\{P_{NL}^{<1>} e^{-i\omega_1 t}\vec{e_1} + P_{NL}^{<3>} e^{-i\omega_3 t}\vec{e_3} + c.c.\right\} \qquad (4.30)$$

Par identification des équations 4.23 et 4.29 et d'après l'approximation des enveloppes lentement variables, on trouve :

$$\begin{cases} 2ik_\omega \dfrac{\partial A_\omega}{\partial z} = -\dfrac{4\pi}{c^2}\omega_1^2 \dfrac{\partial^2 P_{NL}^{<1>}}{\delta t^2} e^{-ik_\omega z} \\ 2ik_{3\omega}\dfrac{\partial A_{3\omega}}{\partial z} = -\dfrac{4\pi}{c^2}\omega_3^2 \dfrac{\partial^2 P_{NL}^{<3>}}{\delta t^2} e^{-ik_{3\omega} z} \end{cases} \qquad (4.31)$$

D'après l'expression générale de la polarisation, on peut écrire :

$$P_{NL}^{<3>}(\omega) = \sum_{\omega_1 + ... + \omega_3 = \omega}\left\{\chi^{<3>}(\omega;\omega_1,...,\omega_3):\vec{E_1}(\omega_1)...\vec{E_3}(\omega_3)\right\} \qquad (4.32)$$

Dans le cas de la technique THG, la polarisation devient alors :

$$P_{NL} = \dfrac{1}{4}\chi^{<3>} A_\omega^3 (e^{ik_\omega z})^3 \qquad (4.33)$$

A partir des équations 4.31 et 4.33, on obtient :

$$2ik_{3\omega}\dfrac{\partial A_{3\omega}}{\partial z} = -\dfrac{4\pi}{c^2}\omega_3^2 \dfrac{\partial^2}{\partial t^2}\left\{\dfrac{1}{4}\chi^{<3>} A_\omega^3 e^{i3k_\omega z}\right\} e^{-ik_{3\omega} z}$$

$$= -\dfrac{\pi}{c^2}\omega_3^2 \chi^{<3>} A_\omega^3 e^{-i(k_{3\omega} - 3k_\omega)z} \qquad (4.34)$$

Ce qui donne :

$$\dfrac{\partial A_{3\omega}}{\partial z} = i\dfrac{\pi}{2c^2}\dfrac{\omega_3^2}{k_{3\omega}}\chi^{<3>} A_\omega^3 e^{-i(\Delta k)z} \qquad (4.35)$$

Or on sait que $k = \dfrac{n\omega}{c}$ et $\omega = \dfrac{2\pi}{\lambda}c$, alors : $\dfrac{\omega^2}{k} = \dfrac{\omega^2 c}{n\omega} = \dfrac{\omega c}{n} = \dfrac{2\pi c^2}{\lambda n} \qquad (4.36)$

Par suite, on écrit :

$$\frac{\partial A_{3\omega}}{\partial z} = i\frac{\pi^2}{\lambda_{3\omega}n_{3\omega}}\chi^{<3>}A_\omega^3 e^{-i(\Delta k)z}$$

$$= i\frac{3\pi^2}{\lambda_\omega n_{3\omega}}\chi^{<3>}A_\omega^3 e^{-i(\Delta k)z} \quad (4.37)$$

où n_3 désigne l'indice de réfraction à 3ω et Δk le vecteur de déphasage pour le processus de troisième harmonique.

En intégrant l'équation 4.35 entre 0 et L, on obtient :

$$A_{3\omega} = \int_0^L i\frac{3\pi^2}{\lambda_\omega n_{3\omega}}A_\omega^3\chi^{<3>}e^{-i\Delta kz}dz = i\frac{3\pi^2}{\lambda_\omega n_{3\omega}}A_\omega^3\chi^{<3>}\frac{1}{-i\Delta k}\left[e^{-i\Delta kz}\right]_0^L$$

d'où : $\quad A_{3\omega} = \frac{3\pi^2}{\lambda_\omega n_{3\omega}}A_\omega^3\chi^{<3>}\left(\frac{1-e^{-i\Delta kL}}{\Delta k}\right) \quad (4.38)$

L'intensité de l'onde i est donnée par l'expression définie par :

$$I_{i\omega} = \frac{n_{i\omega}c}{2\pi}|A_{i\omega}| \quad (4.39)$$

L'équation 4.38 devient alors :

$$I_{3\omega} = \frac{n_{3\omega}c}{2\pi}\left(\frac{3\pi^2}{\lambda_\omega n_{3\omega}}\right)^2\left(\frac{2\pi}{n_\omega c}\right)^3 I_\omega^3 |\chi^{<3>}|^2\left|\frac{1-e^{-i\Delta kL}}{\Delta k}\right|^2 \quad (4.40)$$

$$I_{3\omega} = \frac{576\pi^6}{n_{3\omega}n_\omega^3\lambda_\omega^2 c^2}|\chi^{<3>}|^2 I_\omega^3 L^2\left(\frac{\sin\left(\frac{\Delta kL}{2}\right)}{\frac{\Delta kL}{2}}\right)^2 \quad (4.41)$$

où I_ω et $I_{3\omega}$ désignent respectivement les intensités lumineuse fondamentale et harmonique, et $|\chi^{<3>}|$ le module de la contribution électronique de la susceptibilité non linéaire du troisième ordre du milieu non linéaire.

En l'absence d'absorption et de diffusion, l'intensité du troisième harmonique, obtenue pour un échantillon, dépend du déphasage $\Delta\Psi$:

$$\Delta\Psi = \Delta k\, L = \left(\frac{6\pi\Delta n}{\lambda_\omega}\right)L = \left(\frac{\pi}{L_c}\right)L \quad (4.42)$$

avec $\quad \Delta n = n_{3\omega} - n_\omega \text{ et } L_C = \frac{\lambda_\omega}{6(n_{3\omega}-n_\omega)} \quad (4.43)$

2.2.2. Modèle de Kubodera et Kobayashi

Ce modèle propose deux approches suivant que l'absorption du matériau est négligeable ou non [**Kub90, Wan98**]. Ce modèle compare directement les amplitudes maximales des intensités lumineuses du troisième harmonique du milieu à étudier avec celles d'une lame de silice fondue SiO_2 de 1 mm d'épaisseur utilisé comme référence. Pour une absorption faible, la relation utilisée pour déterminer l'ordre de grandeur de la susceptibilité électrique non linéaire du troisième ordre est donnée par la formule :

$$\frac{\chi^{<3>}}{\chi_S^{<3>}} = \frac{2}{\pi} \frac{L_{C,S}}{l} \sqrt{\frac{I^{3\omega}}{I_S^{3\omega}}} \qquad (4.44)$$

avec $\chi_S^{<3>} = 2,0 \times 10^{-22}$ m^2/V^2 à $\lambda_\omega = 1064$ nm [**Bos00, Gub00**].

Dans le cas où l'absorption est significative ($T < 0,9$), la relation devient :

$$\frac{\chi^{<3>}}{\chi_S^{<3>}} = \frac{2}{\pi} L_{C,S} \frac{\alpha/2}{1 - e^{-(\alpha l/2)}} \sqrt{\frac{I^{3\omega}}{I_S^{3\omega}}} \qquad (4.45)$$

où α désigne le coefficient d'absorption linéaire du matériau à la longueur d'onde fondamentale.

2.2.3. Modèle de Kajzar et Messier

2.2.3.1. Cas d'un milieu isotrope

D'après Kajzar et Messier, la propagation de l'onde harmonique dans un milieu non linéaire s'effectue suivant la représentation de la figure 4.4. Le champ électrique harmonique créé dans un milieu non linéaire à faces parallèles 2 placé entre deux milieux considérés linéaires (1 et 3) est la somme d'une onde forcée b et deux ondes libres t et r :

$$E_2^{3\omega} = E_{2t}^{3\omega} e^{-i(3\omega t - k_{3\omega}^{2f} r)} + E_{2r}^{3\omega} e^{-i(3\omega t - k_{3\omega}^{2f} r)} + E_{2b}^{3\omega} e^{-i(3\omega t - 3k_\omega^{2b} r)} + c.c. \qquad (4.46)$$

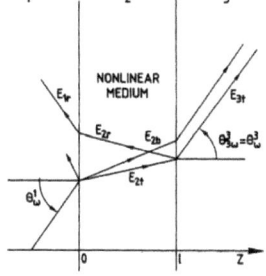

Figure 4.4 : Propagation d'une onde harmonique dans un milieu non linéaire 2 placé entre deux milieux linéaires (vue de dessus) [**Kaj85**]

En considérant une lumière polarisée perpendiculairement au plan d'incidence, le champ électrique de troisième harmonique devient :

$$E_{3t}^{3\omega} = E_{2b}^{3\omega} A e^{i(k_{lt}^{3\omega})l} (e^{i(k_{2b}^{3\omega} - k_{2t}^{3\omega})l} - 1) \text{ avec } E_{2b}^{3\omega} = \frac{4\pi P_2^{NL}}{\Delta\varepsilon} \qquad (4.47)$$

La polarisation non linéaire est donnée par $P_2^{NL} = \frac{1}{4}\chi^{<3>}(E_2^{\omega})^3$, ce qui conduit à :

$$E_{2b}^{3\omega} = \frac{\pi\chi^{<3>}}{\Delta\varepsilon}(E_2^{\omega})^3 = \frac{\pi\chi^{<3>}}{\Delta\varepsilon}(t_{12}^{\omega} E^{\omega})^3 \qquad (4.48)$$

Le facteur A introduit est défini par :

$$A = \frac{N_2^{3\omega} + N_2^{\omega}}{N_2^{3\omega} + N_3^{3\omega}} \text{ avec } N_j^{\omega,3\omega} = n_j^{\omega,3\omega} \cos\theta_j^{\omega,3\omega} \text{ et } j = 1,2,3 \qquad (4.49)$$

où t_{12}^{ω}, le facteur de transmission de l'onde fondamentale entre le milieu 1 et la face d'entrée du milieu non linéaire, est donné par :

$$t_{12}^{\omega} = \frac{2n_1 \cos\theta_1}{n_1 \cos\theta_1 + n_2^{\omega} \cos\theta_2^{\omega}} \qquad (4.50)$$

où E^{ω} et E_2^{ω} désignent les amplitudes des champs électriques optiques respectivement dans les milieux 1 et 2, les indices b et t se réfèrent aux ondes harmoniques transmises forcée et libre, l l'épaisseur du milieu non linéaire, θ_j l'angle de propagation dans le milieu j, $\Delta\varepsilon = \varepsilon^{\omega} - \varepsilon^{3\omega}$ la dispersion de la constante diélectrique, $n^{\omega,3\omega} = \sqrt{\varepsilon^{\omega,3\omega}}$ les indices de réfraction, et $k^{\omega,3\omega}$ l'amplitude des vecteurs d'onde obéissant aux relations $k_{2b}^{3\omega} = 3k_2^{\omega} = \frac{3\omega N_2^{\omega}}{c}$ et $k_{2t}^{3\omega} = 3k_2^{3\omega} = \frac{3\omega N_2^{3\omega}}{c}$.

En posant les conditions aux limites pour le champ électrique aux interfaces 1-2 et 2-3 et en négligeant les ondes réfléchies aux interfaces et la contribution de l'air par rapport au vide, on obtient pour le champ harmonique sortant :

$$E^{3\omega} = \frac{1}{\pi}\left(\frac{\chi^{<3>}}{\Delta\varepsilon}\right) T e^{i\psi^{3\omega}} (E^{\omega})^3 (e^{i\Delta_-} - 1) \qquad (4.51)$$

où : $\Delta_- = \psi^{\omega} - \psi^{3\omega} = \frac{3\omega l(N_2^{\omega} - N_2^{3\omega})}{c}$ avec $N^{\omega,3\omega} = n^{\omega,3\omega} \cos\theta_j^{\omega,3\omega}$ (4.52)

où E^{ω} désigne le champ électrique incident.

Comme Δ_- varie avec l'angle d'incidence, le champ harmonique variera entre une valeur maximale égale à $2|A|$ pour $\Delta_- = (2m+1)\pi$ (avec $m = 0,1,2,...$) et une valeur minimale pour $\Delta_- = 2m\pi$. Cette variation du champ harmonique donne lieu aux franges de Maker lorsque l'échantillon est mis en rotation.

2.2.3.2. Cas d'un film mince déposé sur un substrat

Pour le cas d'un film mince déposé sur un substrat et placé entre deux milieux considérés linéaires, on obtient pour le champ électrique résultant (voir figure 4.5) [**Kaj86**] :

$$E_{3\omega}^R = E_S^{3\omega} t_3^{3\omega} + E_F^{3\omega} (t_1^\omega)^3 \qquad (4.53)$$

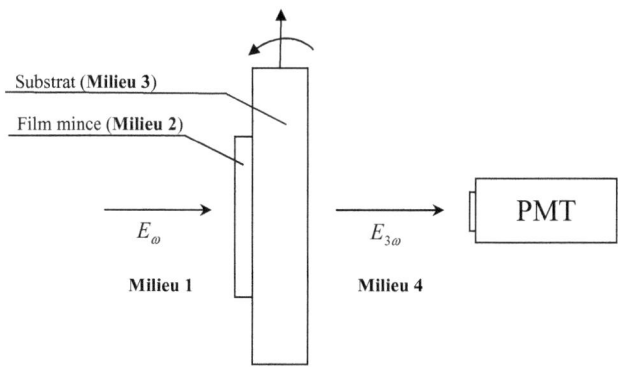

Figure 4.5 : Film mince déposé sur un substrat placé entre deux milieux linéaires

Les indices S et F se réfèrent respectivement au substrat et au film mince, t_1^ω désigne le facteur de transmission de l'onde fondamentale entre l'air et le film mince et $t_3^{3\omega}$ le facteur de transmission de l'onde harmonique entre le substrat et l'air.

Pour un film mince transparent, on obtient pour l'intensité harmonique :

$$I^{3\omega} = \frac{64\pi^4}{c^2} \left|\frac{\chi^{<3>}}{\Delta\varepsilon}\right|_S^2 (I^\omega)^3 \left|e^{i\left(\psi_S^{3\omega} + \psi_F^\omega\right)} \left[T_1\left(e^{i\Delta\psi_S} - 1\right) + \rho e^{i\phi} T_2 \left(1 - e^{-i\Delta\psi_F}\right)\right] + C_{air}\right|^2 \qquad (4.54)$$

avec $\rho e^{i\phi} = \left[\dfrac{\chi^{<3>}}{\Delta\varepsilon}\right]_F \Big/ \left[\dfrac{\chi^{<3>}}{\Delta\varepsilon}\right]_S$; $\Delta\varepsilon_S = \varepsilon_S^\omega - \varepsilon_S^{3\omega} = 7,753.10^{-2}$ F.m^{-1} et $\Delta\varepsilon_F = \varepsilon_F^\omega - \varepsilon_F^{3\omega}$

où $\Delta\varepsilon_S$ et $\Delta\varepsilon_F$ désignent la dispersion de la constante diélectrique respectivement dans le substrat et dans le film mince.

La différence des angles de phase $\Delta\psi_S$ et $\Delta\psi_F$ respectivement dans la silice et dans le film mince peut s'écrire sous la forme :

$$\Delta\psi_S = \psi_S^\omega - \psi_S^{3\omega} = \frac{3\omega l_S}{c}(n_S^\omega \cos\theta_S^\omega - n_S^{3\omega} \cos\theta_S^{3\omega}) \qquad (4.55)$$

$$\Delta\psi_F = \psi_F^\omega - \psi_F^{3\omega} = \frac{3\omega l_F}{c}(n_F^\omega \cos\theta_F^\omega - n_F^{3\omega} \cos\theta_F^{3\omega}) \tag{4.56}$$

où l_S et l_F désignent respectivement l'épaisseur du substrat et du film mince.

Les facteurs T_1 et T_2 introduits sont définis par :

$$T_1 = (t_{12}^\omega t_{23}^\omega)^3 \frac{N_2^{3\omega} + N_2^\omega}{N_2^\omega + N_3^{3\omega}} \quad \text{et} \quad T_2 = (t_{12}^\omega)^3 t_{34}^{3\omega} \frac{N_3^{3\omega} + N_3^\omega}{N_3^{3\omega} + N_4^{3\omega}} \tag{4.57}$$

avec $N_j^{\omega,3\omega} = n_j^{\omega,3\omega} \cos\theta_j^{\omega,3\omega}$ et $j = 1,2,3,4$, et les facteurs de transmission $t_{ij}^{\omega,3\omega}$ pour l'onde fondamentale ou harmonique entre les milieux i et j sont donnés par (en polarisation ss) :

$$t_{12}^\omega = \frac{2n_1 \cos\theta_1}{n_1 \cos\theta_1 + n_2^\omega \cos\theta_2^\omega} \tag{4.58}$$

$$t_{23}^\omega = \frac{2n_2^\omega \cos\theta_2^\omega}{n_2^\omega \cos\theta_2^\omega + n_3^\omega \cos\theta_3^\omega} \quad \text{et} \quad t_{23}^{3\omega} = \frac{2n_2^{3\omega} \cos\theta_2^{3\omega}}{n_2^{3\omega} \cos\theta_2^{3\omega} + n_3^{3\omega} \cos\theta_3^{3\omega}} \tag{4.59}$$

$$t_{34}^\omega = \frac{2n_3^\omega \cos\theta_3^\omega}{n_3^\omega \cos\theta_3^\omega + n_4 \cos\theta_4} \quad \text{et} \quad t_{34}^{3\omega} = \frac{2n_3^{3\omega} \cos\theta_3^{3\omega}}{n_3^{3\omega} \cos\theta_3^{3\omega} + n_4 \cos\theta_4} \tag{4.60}$$

La dispersion des indices de réfraction Δn_{air}, Δn_S et Δn_F, respectivement de l'air, du substrat et du film mince est définie par :

$$\Delta n_{air} = n_{air}^\omega - n_{air}^{3\omega} = 1,085.10^{-5} \; ; \; \Delta n_S = n_S^\omega - n_S^{3\omega} = 2,65.10^{-2} \text{ et } \Delta n_F = n_F^\omega - n_F^{3\omega}$$

Pour l'onde fondamentale à 1064 nm, on connaît les valeurs $\chi_S^{<3>}$ et $\chi_{air}^{<3>}$ respectivement pour la silice et l'air : $\chi_S^{<3>} = 2,0.10^{-22}$ m^2.V^{-2} [Bos00, Gub00] et $\chi_{air}^{<3>} = 9,8.10^{-26}$ m^2/V^2 [Kaj85] pour $\lambda_\omega = 1064$ nm.

La contribution de l'air par rapport au vide C_{air} s'écrit sous la forme :

$$C_{air} = 0,24 C' \left[t_{23}^{3\omega} t_{34}^{3\omega} e^{i(\psi+\alpha)} - (t_{12}^\omega t_{23}^\omega t_{34}^\omega)^3 e^{-i(\psi+\beta)} \right] \tag{4.61}$$

où : $$C' = \left[\frac{\chi^{<3>}}{\Delta\varepsilon} \right]_{air} \Big/ \left[\frac{\chi^{<3>}}{\Delta\varepsilon} \right]_S \tag{4.62}$$

où ψ désigne la phase du paramètre de contribution de l'air, et α et $\beta = \alpha + \Delta\psi_S$ la différence de phase entre les ondes fondamentale et harmonique pour la propagation dans l'air respectivement sur les faces d'entrée et de sortie de l'échantillon.

2.3. Montage expérimental

Le montage expérimental de la technique THG mis en oeuvre dans le cadre de cette étude est le même que celui utilisé pour la technique SHG (précédemment illustré sur la figure 4.3) exception faite du filtre interférentiel FL532 qui est remplacé, dans ce cas, par un filtre interférentiel FL355 afin de permettre au photomultiplicateur de mesurer l'intensité du signal de troisième harmonique à 355 nm (± 1 nm).

3. Méthode Z-scan

3.1. Description générale

La méthode dite de Z-scan permet de déterminer la valeur et le signe de l'indice de réfraction non linéaire d'un milieu n_2 ainsi que son coefficient d'absorption non linéaire β. A partir de ces coefficients, il est possible d'en déduire la susceptibilité électrique non linéaire du troisième ordre du milieu. Cette méthode est une technique à un seul faisceau développée par Sheik-Bahae et al. en 1990 [**She89, She90**] et basée sur l'évolution des distorsions lors de la propagation du faisceau laser dans le matériau non linéaire. Cependant pour obtenir des résultats fiables, il faut s'assurer que les échantillons possèdent d'excellentes qualités optiques. En effet, on doit pouvoir les déplacer perpendiculairement au faisceau sur plus d'un centimètre sans avoir de problèmes liés à la diffusion qui introduit souvent des artefacts. Le principe de cette méthode consiste à déplacer un matériau non linéaire dans le champ d'une lentille convergente (voir figure 4.6). L'effet non linéaire observé dépend du profil spatial du faisceau et de l'intensité du faisceau laser donc de la position de l'échantillon d'épaisseur L par rapport au foyer de la lentille. Un diaphragme placé en champ lointain devant une photodiode (D_2) permet de quantifier la variation de l'énergie du faisceau en fonction de la position de l'échantillon.

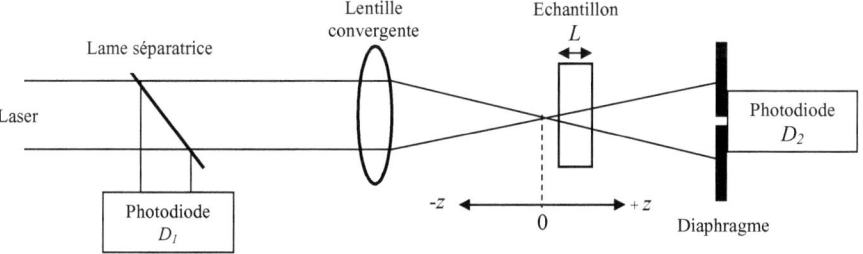

Figure 4.6 : Principe de la méthode Z-scan

3.2. Modèles théoriques

D'après Sheik-Bahae et al. [**She89, She90**], l'amplitude du champ électrique, pour un faisceau fondamental gaussien se propageant le long de l'axe z, est donnée par la relation suivante :

$$E(z,r,t) = E_0(t)\frac{w_0}{w(z)} e^{\left(-\frac{r}{w^2(z)} - \frac{ikr^2}{2R(z)}\right)} e^{-i\varphi(z,t)} \qquad (4.63)$$

avec $\quad w^2(z) = w_0\left(1+\dfrac{z^2}{z_R^2}\right)$; $R(z) = z\left(1+\dfrac{z_R^2}{z^2}\right)$; $z_R = \dfrac{kw_0^2}{2}$ et $k = \dfrac{2\pi}{\lambda}$ $\qquad (4.64)$

où $w(z)$ désigne le rayon du faisceau à la position z, w_0 le plus petit rayon du faisceau au point focal de la lentille (*beam waist*), $R(z)$ la courbure de phase à la position z et z_R la distance de Rayleigh.

Dans le cas de faibles variations d'indices induites par les effets non linéaires du troisième ordre, on peut exprimer la variation d'indice de réfraction et la variation d'absorption linéaire dans le matériau de la manière suivante :

$$n = n_0 + \gamma I \qquad (4.65)$$

et $\qquad \alpha(I) = \alpha + \beta I \qquad (4.66)$

où γ désigne le terme expérimental de l'indice de réfraction non linéaire exprimé en m².W⁻¹. On en déduit ensuite par calcul la valeur de l'indice de réfraction non linéaire n_2 du milieu exprimé en m².V⁻² par la formule :

$$n_2 = c\varepsilon_0 n_0 \gamma \qquad (4.67)$$

La propagation du faisceau dans le milieu non linéaire est gouvernée, dans l'approximation des enveloppes lentement variables, par les relations suivantes [**She90**] :

$$\frac{\partial I}{\partial z'} = -\alpha(I)I \qquad (4.68)$$

et $\qquad \dfrac{\partial \Delta\phi}{\partial z'} = \dfrac{2\pi}{\lambda}\Delta n(I) \qquad (4.69)$

où z' désigne la distance de propagation dans le matériau (à ne pas confondre avec la position de l'échantillon z) et $\Delta\phi$ la variation de phase (déphasage). Le déphasage $\Delta\phi$, provoqué par la variation d'indice non linéaire, prend la forme suivante dans le cas d'un faisceau gaussien :

$$\Delta\phi(z,r) = \frac{\Delta\phi_0}{1 + \dfrac{z^2}{z_R^2}} e^{\left(-\frac{2r^2}{w^2(z)}\right)} \qquad (4.70)$$

où $\Delta\phi_0$ désigne la valeur maximale du déphasage non linéaire obtenue au foyer de la lentille ($z = 0$) et au centre du faisceau ($r = 0$).

Considérons maintenant deux cas de figure pour l'étude de la transmission normalisée de matériaux non linéaires ($\beta = 0$ et $\beta \neq 0$).

3.2.1. Matériaux sans absorption non linéaire ($\beta = 0$)

Faisons maintenant l'hypothèse d'un échantillon dont l'indice de réfraction non linéaire est négatif ($n_2 < 0$) et l'épaisseur L négligeable devant la distance de Rayleigh ($L \ll z_0$) [**She90**].

En commençant les mesures pour des positions éloignées du foyer ($z < 0$), l'intensité du rayonnement incident sur l'échantillon est faible et la transmission normalisée demeure relativement constante et pratiquement égale à 1 (voir figure 4.7).

Lorsque l'échantillon se rapproche du foyer de la lentille, l'intensité du rayonnement incident s'accentue et une plus grande partie du faisceau est orientée sur l'ouverture de la photodiode D_2. On assiste alors à une augmentation de la transmission normalisée.

En continuant le déplacement de l'échantillon vers les z positifs, l'échantillon tend à faire diverger le faisceau et donc diminuer la transmission normalisée. Lorsque l'on s'éloigne suffisamment du foyer, pour des z assez grands, le faisceau devient large et la valeur de la transmission normalisée devient à nouveau proche de 1.

Le graphe de la transmission normalisée en fonction de la position de l'échantillon nous donne donc, soit une configuration « sommet-vallée » lorsque le milieu se comporte comme une lentille divergente ($n_2 < 0$), soit une configuration « vallée-sommet » lorsque le milieu se comporte comme une lentille convergente ($n_2 > 0$).

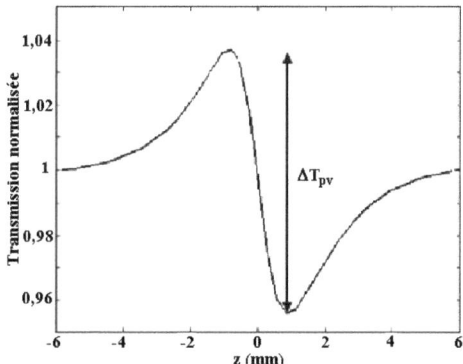

Figure 4.7 : Transmission non linéaire normalisée avec diaphragme (pour $n_2 < 0$)

La différence de transmission normalisée, notée ΔT_{pv}, entre la transmission normalisée maximale et minimale est proportionnelle au déphasage non linéaire selon une relation établie numériquement [**She90**] :

$$\Delta T_{pv} \approx 0{,}406\,(1-S)^{0{,}27}\,|\Delta\phi_0| \quad \text{avec} \quad S = 1 - e^{\left(-\frac{2r_a^2}{w_a^2}\right)} \tag{4.71}$$

où S désigne la transmission linéaire du diaphragme de rayon r_a et w_a le *beam waist* dans le plan du diaphragme.

La sensibilité est définie comme le coefficient reliant le déphasage non linéaire à la variation de transmission non linéaire. Le maximum de sensibilité est atteint lorsque $S \ll 1$, c'est-à-dire quand le diamètre du diaphragme est faible devant la taille du faisceau. La sensibilité dans ce cas est de 0,406 et on parle alors de configuration « Z-scan fermée » (*Closed Z-scan* en anglais).

La résolution de l'équation 4.69 donnant l'expression de la variation de phase au foyer de la lentille ($z = 0$) et au centre du faisceau ($r = 0$) conduit à la relation suivante :

$$\Delta\phi_0 = k\Delta n_0 L_{eff} = k\gamma I_0 L_{eff} \quad \text{avec} \quad L_{eff} = \frac{1 - e^{-\alpha L}}{\alpha} \tag{4.72}$$

où Δn_0 désigne la variation d'indice non linéaire sur l'axe optique, I_0 l'intensité au point de focalisation, L_{eff} l'épaisseur effective de l'échantillon compte tenu de l'absorption linéaire de l'échantillon α, et L l'épaisseur de l'échantillon.

3.2.2. Matériaux avec absorption non linéaire ($\beta \neq 0$)

Dans ce cas, la répartition de l'intensité et du déphasage non linéaire à la sortie de l'échantillon est donnée par la relation suivante [**She90, She92, Tse96**] :

$$\begin{cases} I_S(z,r,t) = \dfrac{I(z,r,t)\,e^{-\alpha L}}{1 + q(z,r,t)} \\ \Delta\phi(z,r,t) = \dfrac{k\gamma}{\beta}\ln\!\bigl(1 + q(z,r,t)\bigr) \end{cases} \tag{4.73}$$

avec $q(z,r,t) = \beta I(z,r,t) L_{eff}$ et sur l'axe optique, ce paramètre s'écrit :

$$q_0(z) = \frac{\beta I_0 L_{eff}}{1 + \dfrac{z^2}{z_r^2}} \tag{4.74}$$

Afin de déterminer sans ambiguïté l'indice de réfraction non linéaire, il convient tout d'abord de réaliser une acquisition sans diaphragme (voir figure 4.8) pour $S = 1$ (configuration « Z-scan ouverte » ou *Open Z-scan* en anglais) qui permet de déduire la valeur de β grâce à la relation de la transmission non linéaire donnée, au foyer de la lentille ($z = 0$), par la relation suivante :

$$T_{(z=0)} = e^{-\alpha L} \frac{\ln(1 + q_{0(z=0)})}{q_{0(z=0)}} \tag{4.75}$$

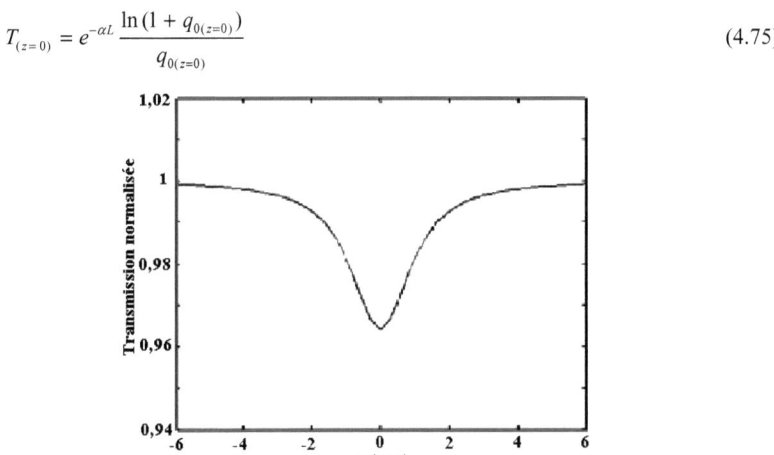

Figure 4.8 : Transmission non linéaire normalisée sans diaphragme (configuration « Z-scan ouverte » pour $\beta \neq 0$)

Une fois la valeur β déterminée, une acquisition avec diaphragme en configuration « Z-scan fermée » est réalisée pour en déduire la valeur de l'indice de réfraction non linéaire par l'expression donnant la variation de phase au foyer de la lentille ($z = 0$) et au centre du faisceau ($r = 0$) :

$$\Delta \phi_0 = \frac{k\gamma}{\beta} \ln\left(1 + q_{0(z=0)}\right) \tag{4.76}$$

Deux conditions doivent être satisfaites pour la mesure des coefficients non linéaires avec la méthode Z-scan : $|q_0| \leq 1$ et $\beta \leq 2k\gamma$. En effet, les imperfections de surface et l'hétérogénéité des échantillons peuvent conduire à des mesures erronées, il est possible de corriger ces inexactitudes en soustrayant un profil Z-scan obtenu en régime linéaire à faible intensité au profil Z-scan obtenu en régime non linéaire à forte intensité, après les avoir normalisés par rapport à leurs références respectives.

Pour améliorer la sensibilité de la méthode Z-scan, on peut utiliser un disque opaque à la place du diaphragme dans le champ lointain (méthode dite *EZ-scan* pour *Eclipsing Z-scan*). Dans ce cas, les positions relatives « sommet » et « vallée » obtenues pour la transmission normalisée sont inversées par rapport à celles de la méthode Z-scan classique car la lumière qui focalise dans le champ lointain est obstruée par le disque opaque.

Dans le cas d'un disque opaque large ($0,995 > S > 0,980$) et d'un faible déphasage non linéaire ($\Delta\phi_0 \leq 0,2\ rad$), la relation linéaire issue du calcul numérique entre ΔT_{pv} et $\Delta\phi_0$ peut s'écrire [**Xia94**] :

$$\Delta T_{pv} \approx 0,68(1-S)^{-0,44} |\Delta\phi_0| \tag{4.77}$$

Cette modification a pour conséquence d'augmenter la sensibilité de la méthode Z-scan par rapport à la technique classique (elle a pu être multipliée par un facteur 13 suivant les conditions expérimentales utilisées par les auteurs dans la référence [**Xia94**]).

3.3. Montage expérimental

Dans ce travail, la source utilisée est un laser Nd:YAG modèle Continuum Leopard D-10, le même que celui utilisé sur les techniques SHG et THG. Il délivre des impulsions d'une durée de 16 ps à 1064 nm avec une fréquence de répétition des impulsions de 10 Hz. Les mesures ont été réalisées à l'aide d'un système 4f [**Bou04, Bou05, Che99**]. Cette technique utilisant une caméra CCD permet d'augmenter la sensibilité de la technique par photodiode car elle permet d'améliorer le rapport signal/bruit sans nécessiter l'augmentation de l'intensité incidente risquant de détruire l'échantillon analysé (voir figure 4.9). Le faisceau laser mis en forme pour présenter un profil gaussien est focalisé par la lentille L_1 possédant une distance focale $f_1 = 20$ cm. Le plus petit rayon du faisceau (*beam waist*) est égal à $w_0 = 34$ µm à 1064 nm, correspondant à une distance de Rayleigh de 3,5 mm. Le photodétecteur est une caméra CCD refroidie à -30 °C (1000×1018 pixels) modèle Hamamatsu C4880 opérant en gain fixe. Des filtres neutres ont été utilisés afin de réaliser l'acquisition des images dans la zone linéaire de la fonction réponse de la caméra. Un faisceau de référence incident positionné dans une petite zone de l'image permet de calibrer la fluctuation en énergie du laser. L'échantillon est déplacé dans le plan focal de la lentille L_1 le long de la direction de propagation du faisceau (axe z). Les transmissions normalisées « Z-scan ouverte » et « Z-scan fermée » ont été traitées numériquement à partir des images acquises par intégration sur tous les pixels dans le premier cas et sur un filtre numérique circulaire dans le second cas (une transmission linéaire S égale à 0,4). La lentille L_2 contribue à produire la transformée de Fourier du champ à la sortie de l'échantillon, physiquement assimilable à la diffraction en champ lointain obtenue avec la méthode originale Z-scan. Le système *4f* est basée, comme pour la technique Z-scan classique, sur l'équation 4.77 qui relie le déphasage $\Delta\phi_0$ à la différence de transmission normalisée entre sommet et vallée notée ΔT_{pv}. L'amplitude de l'indice de réfraction non linéaire n_2 est obtenue par comparaison avec le CS$_2$ et utilisant $n_2 = (3,2 \pm 0,3) \times 10^{-18}$ m^2.W^{-1} comme valeur de calibrage [**Bou05**].

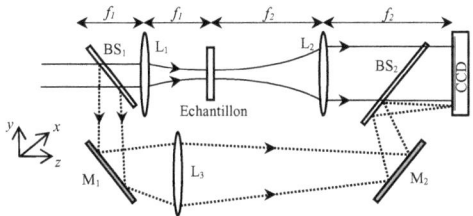

Figure 4.9 : Montage expérimental de la méthode Z-scan

4. Mélange quatre ondes dégénéré (DFWM)

4.1. Description générale

Au cours de sa propagation dans un milieu matériel, le signal transporté par une onde électromagnétique peut subir des déformations. Notamment, les imperfections des optiques sur le trajet de l'onde introduisent des aberrations dans le faisceau qui détériorent la qualité de l'information transmise. La conjugaison de phase peut remédier à ce problème de façon spectaculaire. Un phénomène dit de « renversement du temps » génère une onde dont la phase est l'opposé de celle de l'onde incidente, qui se propage dans la même direction et en sens inverse. On peut représenter les aberrations subies par le faisceau avant sa conjugaison en phase par un déphasage ϕ. L'onde conjuguée comporte alors un déphasage $\phi' = -\phi$. Lorsque le faisceau traverse à nouveau le milieu, il subit un second déphasage ϕ qui s'annule avec ϕ'. Les aberrations sont alors compensées.

Les étapes de production de l'onde conjuguée en phase sont en réalité analogues à celles de la production d'un hologramme : deux ondes incidentes (les ondes <1> et <2>) interfèrent spatio-temporellement et créent un réseau d'illumination qui engendre dans le milieu non linéaire un réseau d'indice de réfraction non linéaire et un réseau d'absorption si le matériau est absorbant à la longueur d'onde de travail. Une troisième onde (appelée onde sonde <3>) est diffractée par ce réseau et cette diffraction détermine la création d'une quatrième onde (voir figure 4.10). L'ensemble constitué du milieu non linéaire et des deux faisceaux pompes se comporte finalement comme un miroir pour le faisceau sonde, d'où le nom de miroir à conjugaison de phase (ou MCP). Les cristaux photoréfractifs sont couramment utilisés comme support de MCP.

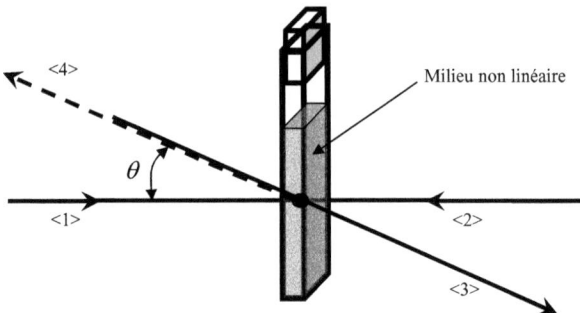

Figure 4.10 : Conjugaison de phase par mélange à quatre ondes

Ce type de dispositif est également applicable au transport d'informations sans aberration dans les fibres optiques [**Fei89**]. Les MCPs servent aussi de miroirs stabilisateurs dans les lasers équilibrant les fluctuations mécaniques et thermiques, de milieux amplificateurs ou même de coupleurs de réseaux de fibres optiques. Des échanges d'images entre deux faisceaux non cohérents ont également pu être observés dans le cadre de traitements optiques d'images [**Ste87**].

Le mélange quatre ondes dégénéré utilisé dans cette étude ou DFWM (pour *Degenerate Four Wave Mixing* en anglais) est en réalité un processus utilisant le principe de la conjugaison de phase pour déterminer la susceptibilité électrique non linéaire du troisième ordre $\chi^{<3>}$ [**Sah96, Sah97, Yar77**] d'un milieu non linéaire. Il est dégénéré dans le sens où toutes les ondes qui interagissent dans le milieu non linéaire sont à la même pulsation ω. Dans le processus du mélange quatre ondes dégénéré, deux ondes intenses (les ondes pompes <1> et <2>) de même intensité lumineuse ($I_1 = I_2$), de même direction et de sens opposé, traversent un milieu non linéaire (voir figure 4.10). Une troisième onde (l'onde sonde <3>), de plus faible intensité (dans notre cas, $I_3 \approx 0,01.I_1$), se propage dans la direction faisant un angle θ avec celle des ondes pompes (dans notre cas $\theta \approx 12°$). Comme le décrivent les équations de Maxwell, l'interaction de ces trois ondes avec le milieu non linéaire engendre une polarisation électrique du troisième ordre qui est la source d'une quatrième onde <4>, conjuguée de l'onde <3>. On obtient alors $\omega_1 = \omega_2 = \omega_3 = \omega_4$ et $\vec{k}_2 = -\vec{k}_1$; $\vec{k}_4 = -\vec{k}_3$. Il résulte de l'interaction des deux ondes pompes $\vec{E}_{p1}$ et $\vec{E}_{p2}$ et de l'onde signal $\vec{E}_s$, une polarisation non linéaire à la fréquence ω de la forme :

$$P^{<3>}(\omega) = \varepsilon_0 \chi^{<3>} A_{p1} A_{p2} A_s^* e^{-i\vec{k}_s \vec{r}} \qquad (4.78)$$

Cette polarisation non linéaire rayonne un champ dans la direction $-\vec{k}_S$ opposée à la troisième onde qui sera le conjugué en phase de l'onde signal $\vec{E}_S$ [**Fis83**].

Si on considère un champ électromagnétique de la forme :

$$\vec{E}_p(\vec{r},t) = \vec{A}_p(\vec{r})e^{i(\vec{k}_p\vec{r} - \omega t)} \tag{4.79}$$

alors le champ associé à l'onde conjuguée se propage dans le sens $-z$ et s'écrit :

$$\vec{E}_c(\vec{r},t) = \vec{A}_p^*(\vec{r})e^{i(\vec{k}_p\vec{r} + \omega t)} \tag{4.80}$$

On a alors :

$$\vec{E}_c(\vec{r},t) = \vec{E}_p^*(\vec{r},-t) \tag{4.81}$$

La conjugaison de phase apparaît donc comme un phénomène de « renversement du temps » en ce sens que l'onde conjuguée à l'instant t et au point $\vec{r}$ est le complexe conjugué de l'onde incidente à l'instant $-t$ et au même point $\vec{r}$.

4.2. Modèle théorique

Dans ce processus de mélange d'ondes, les ondes considérées s'écrivent sous la forme :

$$\vec{E}^{<i>}(\vec{r},t) = \vec{A}^{<i>}(\vec{r})e^{i(\vec{k}_i\vec{r} - \omega_i t)} + c.c. \quad \text{avec } i = 1,2,3,4 \tag{4.82}$$

L'amplitude totale du champ dans le milieu non linéaire est égale à :

$$E = \sum_{i=1}^{4} E^{<i>} \tag{4.83}$$

L'interaction des ondes dans le milieu non linéaire engendre une polarisation non linéaire de troisième ordre dont la forme générale est $P^{<3>}(t) = \chi^{<3>} : E^3$. On s'intéresse particulièrement au terme $P = 3\chi^{<3>} : E^2 E^*$.

Rappelons maintenant la relation donnant l'équation d'onde dans l'espace temporel :

$$\vec{\nabla} \times \vec{\nabla} \times \vec{E}^{<i>} + \frac{1}{c^2}\frac{\partial^2 \vec{E}^{<i>}}{\partial t^2} = -\frac{4\pi}{c^2}\frac{\partial^2 \vec{P}^{<i>}}{\partial t^2} \tag{4.84}$$

où dans ce cas $\vec{P}^{<i>}$ désigne la polarisation non linéaire du troisième ordre associée à l'onde $<i>$. Si les champs $E^{<3>}$ et $E^{<4>}$ sont faibles devant $E^{<1>}$ et $E^{<2>}$, on peut alors écrire les composantes spatiales des termes $\vec{P}^{<i>}$ comme suit :

$$P_i^{<1>}(\omega_1) = 3\chi_{ijkl}^{<3>}\left(E_j^{<1>}E_k^{<1>*} + 2E_k^{<2>}E_l^{<2>*}\right)E_l^{<1>}$$

$$P_i^{<2>}(\omega_2) = 3\chi_{ijkl}^{<3>}\left(E_k^{<2>}E_l^{<2>*} + 2E_k^{<1>}E_l^{<1>*}\right)E_j^{<2>}$$

$$P_i^{<3>}(\omega_3) = 3\chi_{ijkl}^{<3>}\left(2E_j^{<3>}E_k^{<1>}E_l^{<1>*} + 2E_j^{<3>}E_k^{<2>}E_l^{<2>*} + 2E_j^{<1>}E_k^{<2>}E_l^{<4>*}\right)$$

$$P_i^{<4>}(\omega_4) = 3\chi_{ijkl}^{<3>}\left(2E_j^{<4>}E_k^{<1>}E_l^{<1>*} + 2E_j^{<4>}E_k^{<2>}E_l^{<2>*} + 2E_j^{<1>}E_k^{<2>}E_l^{<3>*}\right)$$

(4.85)

On peut noter que les polarisations $P^{<3>}(\omega_3)$ et $P^{<4>}(\omega_4)$ dépendent des amplitudes des champs $E^{<1>}$, $E^{<2>}$, $E^{<3>}$ et $E^{<4>}$, tandis que les polarisations $P^{<1>}(\omega_1)$ et $P^{<2>}(\omega_2)$ ne dépendent que des amplitudes des champs $E^{<1>}$ et $E^{<2>}$.

L'équation 4.84 traduit la propagation d'un champ électrique dans un milieu diélectrique. Une des solutions particulières de cette équation pour une réponse linéaire du milieu est l'onde plane. Cependant, cette équation n'a pas de solution générale quand la polarisation électrique du milieu est une fonction non linéaire du champ électrique. Néanmoins, lorsque certaines approximations sont faites sur la dépendance temporelle et spatiale du champ, c'est-à-dire pour des expériences utilisant des impulsions lumineuses, cette équation d'onde se simplifie. Elle peut se ramener à l'équation de propagation de l'enveloppe des champs en appliquant l'approximation dite des enveloppes lentement variables [**Boy92**] qui consiste à négliger les termes contenant les dérivées secondes de l'amplitude par rapport aux variables spatiale et temporelle dans l'équation d'onde :

$$\left(\left|\frac{\partial^2 A}{\partial z^2}\right| \ll \left|\frac{\partial A}{\partial z}\right| \; ; \; \left|\frac{\partial^2 A}{\partial t^2}\right| \ll \left|\frac{\partial A}{\partial t}\right|\right) \tag{4.86}$$

On obtient alors le système d'équations qui décrit la propagation des ondes dans le milieu :

$$\frac{\partial A_i^{<1>}}{\partial z} = 6i\frac{\pi\omega}{nc}\chi_{ijkl}^{<3>}\left(A_k^{<1>}A_l^{<1>*} + 2A_k^{<2>}A_l^{<2>*}\right)A_j^{<1>}$$

$$\frac{\partial A_i^{<2>}}{\partial z} = -6i\frac{\pi\omega}{nc}\chi_{ijkl}^{<3>}\left(2A_k^{<1>}A_l^{<1>*} + A_k^{<2>}A_l^{<2>*}\right)A_j^{<2>}$$

$$\frac{\partial A_i^{<3>}}{\partial z} = 12i\frac{\pi\omega}{nc}\chi_{ijkl}^{<3>}\left[\left(A_k^{<1>}A_l^{<1>*} + A_k^{<2>}A_l^{<2>*}\right)A_j^{<3>} + A_j^{<1>}A_k^{<2>}A_l^{<4>*}\right]$$

$$\frac{\partial A_i^{<4>}}{\partial z} = -12i\frac{\pi\omega}{nc}\chi_{ijkl}^{<3>}\left[\left(A_k^{<1>}A_l^{<1>*} + A_k^{<2>}A_l^{<2>*}\right)A_j^{<4>} + A_j^{<1>}A_k^{<2>}A_l^{<3>*}\right]$$

(4.87)

En considérant des ondes polarisées linéairement, le système se simplifie et dans le second membre de chaque équation, il ne reste alors que deux termes non nuls. Par exemple, pour déterminer les composantes du tenseur de susceptibilité électrique non linéaire du troisième ordre pour trois ondes incidentes de même polarisation, on pose les relations suivantes :

$$A_x^{<i>} = A_i \; ; \; I_i = \frac{nc}{2\pi}A_i A_i^* \; ; \; \chi_{ijkl}^{<3>} = \chi^{<3>} \tag{4.88}$$

La composante désignée par le terme $\chi^{<3>}$ dépend de la configuration de polarisation des ondes pompes et sonde. De plus, en supposant que les ondes pompes sont égales et que $I_3, I_4 \ll I_1$ et $I_1(0) = I_2(l)$, on obtient alors :

$$\frac{\partial A_i^{<1>}}{\partial z} = -\frac{\alpha}{2} A_i^{<1>} + iH\chi_{ijkl}^{<3>} \left(A_k^{<1>} A_l^{<1>*} + 2A_k^{<2>} A_l^{<2>*} \right) A_j^{<1>}$$

$$\frac{\partial A_i^{<2>}}{\partial z} = \frac{\alpha}{2} A_i^{<2>} - iH\chi_{ijkl}^{<3>} \left(2A_k^{<1>} A_l^{<1>*} + A_k^{<2>} A_l^{<2>*} \right) A_j^{<2>}$$

$$\frac{\partial A_i^{<3>}}{\partial z} = -\frac{\alpha}{2} A_i^{<3>} + 2iH\chi_{ijkl}^{<3>} \left[\left(A_k^{<1>} A_l^{<1>*} + A_k^{<2>} A_l^{<2>*} \right) A_j^{<3>} + A_j^{<1>} A_k^{<2>} A_l^{<4>*} \right]$$

$$\frac{\partial A_i^{<4>}}{\partial z} = \frac{\alpha}{2} A_i^{<4>} - 2iH\chi_{ijkl}^{<3>} \left[\left(A_k^{<1>} A_l^{<1>*} + A_k^{<2>} A_l^{<2>*} \right) A_j^{<4>} + A_j^{<1>} A_k^{<2>} A_l^{<3>*} \right]$$

(4.89)

avec $H = 12\pi^2 / n\lambda$ et où α désigne le coefficient d'absorption linéaire, et n l'indice de réfraction linéaire du milieu à la longueur d'onde de travail.

Supposons maintenant que le milieu étudié est caractérisé par un coefficient d'absorption linéaire α et par un coefficient d'absorption non linéaire β. En présence de l'absorption non linéaire, $\chi^{<3>}$ est une grandeur complexe car sa partie imaginaire $\chi''^{<3>}$ est liée à β.

Si l'on résout le système d'équations 4.89 de façon analytique en considérant que $I_1 I_2$ et $I_1 + I_2$ sont constants, on obtient alors la solution suivante [**Sah97**] :

$$R = \frac{I_4}{I_3} = \frac{I_4}{0,01 I_1} = \begin{cases} \dfrac{K^2}{\left[p\, ctg(pl) - \dfrac{\Psi}{2} \right]^2} & si \quad \Psi^2 - 4K^2 \leq 0 \\ \dfrac{K^2}{\left[q\, ctgh(ql) - \dfrac{\Psi}{2} \right]^2} & si \quad \Psi^2 - 4K^2 > 0 \end{cases}$$

(4.90)

où : $\quad \Psi = -\alpha - 2\beta(I_1 + I_2)$ (4.91)

$$K^2 = \left(\frac{48\pi^3}{n^2 c\lambda} \right)^2 \left[(\chi'^{<3>})^2 + (\chi''^{<3>})^2 \right] I_1 I_2$$ (4.92)

$$p^2 = K^2 - \left(\frac{\Psi}{2} \right)^2 \quad \text{et} \quad q^2 = -p^2$$ (4.93)

où R désigne le rendement du mélange quatre ondes dégénéré et l l'épaisseur du milieu non linéaire à étudier.

Ainsi, on peut calculer la valeur du rendement du mélange quatre ondes dégénéré par la mesure des intensités lumineuses I_1 et I_4.

Puisque la valeur $\chi''^{<3>}$ peut être déterminée par la mesure de l'absorption non linéaire β, le seul paramètre inconnu dans l'expression 4.92 est la partie réelle $\chi'^{<3>}$ de la susceptibilité $\chi^{<3>}$. Comme $\chi'^{<3>}$ apparaît dans cette formule par son carré, la valeur absolue de $\chi'^{<3>}$ peut être déduite de la mesure DFWM.

En l'absence d'absorption non linéaire, le tenseur de susceptibilité non linéaire du troisième ordre est une grandeur réelle. Dans ce cas, le système d'équations 4.90 se simplifie et s'exprime sous la forme [**Fuk05, Sah97**] :

$$R = \begin{cases} \dfrac{p^2 + \dfrac{\alpha^2}{4}}{\left[p\,ctg(pl) + \dfrac{\alpha}{2}\right]^2} & si \quad p^2 \geq 0 \\[2em] \dfrac{p^2 + \dfrac{\alpha^2}{4}}{\left[q\,ctgh(ql) + \dfrac{\alpha}{2}\right]^2} & si \quad p^2 < 0 \end{cases} \tag{4.94}$$

où : $\quad p^2 = \left(\dfrac{48\pi^3 \chi^{<3>}}{n^2 c \lambda}\right)^2 I_1^2 e^{-\alpha l} - \dfrac{\alpha^2}{4}$ et $q^2 = -p^2$ (4.95)

Il existe certains types de matériaux où l'influence de α et β est minime. Si l'on admet dans ce cas que $\alpha = \beta \approx 0$, la solution du système d'équations 4.94 se simplifie et s'exprime sous la forme :

$$R = tg^2 |p| l \tag{4.96}$$

où : $\quad p = \dfrac{48\pi^3 \chi^{<3>}}{n^2 c \lambda} I_1$ (4.97)

4.3. Montage expérimental

Le montage expérimental du mélange quatre ondes dégénéré mis en place au laboratoire (voir figure 4.11) repose sur une table de granit. La source est un laser Nd :YAG modèle Quantel YG472. Il délivre des impulsions de quelques mJ à 532 nm ayant une durée de l'ordre de 30 ps avec une fréquence de répétition des impulsions de 1, 5 ou 10 Hz.

Sur le mélange quatre ondes dégénéré, il est indispensable que les faisceaux incidents coïncident temporellement et spatialement dans le milieu non linéaire. Pour cela, la section du faisceau lumineux provenant du laser est d'abord réduite par un système afocal (S-A). Une lame séparatrice (BS$_1$) prélève ensuite une partie du faisceau sur une photodiode modèle Motorola MRD500 (Ph$_s$) pour synchroniser l'acquisition. Un système formé d'une lame demi-onde (L$_1$) et d'un polariseur de Glan-Taylor (G$_1$) permet de faire varier l'énergie du faisceau laser d'entrée. Une partie de ce faisceau, prélevée par une deuxième lame séparatrice (BS$_2$), joue le rôle du faisceau sonde <3>. A la sortie d'une troisième lame séparatrice 50% (BS$_3$), le faisceau laser est séparé en deux faisceaux pompes <1> et <2> de même énergie. Ces ondes pompes se propagent en sens opposé dans le milieu non linéaire. Les polariseurs de Glan-Taylor (G$_2$, G$_3$ et G$_4$) suivis chacun d'une lame demi-onde (L$_2$, L$_3$ et L$_4$), sont utilisés afin d'assurer une polarisation soit horizontale, soit verticale, des trois faisceaux incidents. Les retards optiques (RO) installés sur le trajet des faisceaux <1>, <2> et <3> sont ajustés de façon à ce que ceux-ci se recouvrent temporellement au niveau de l'échantillon. Dans notre étude, nous avons approvisionné et installé une platine optique motorisée sur le retard optique RO$_2$ pour pouvoir observer l'effet du retard de l'onde pompe <2> sur l'intensité lumineuse de l'onde <4>. Cette platine optique de translation motorisée modèle Standa 8MT175 possède une gamme de translation de 100 mm. Ses déplacements sont réalisés par rotation d'un moteur pas à pas de 200 pas par tour avec une résolution de 2,5 µm/pas.

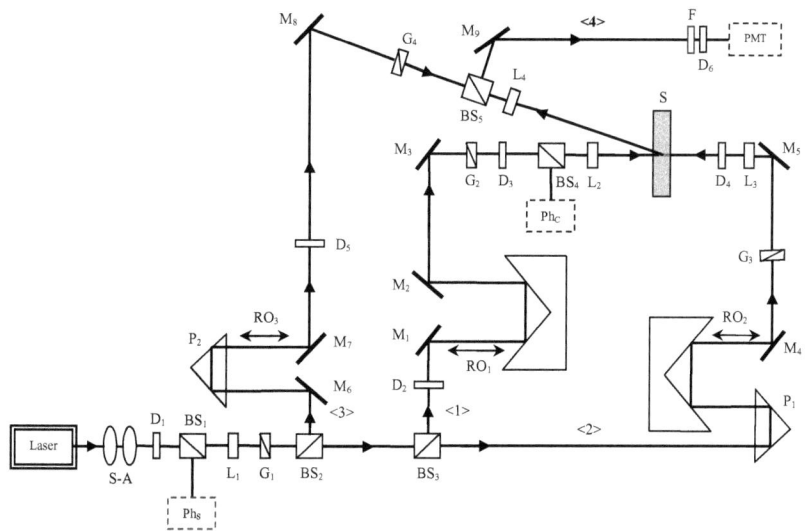

Figure 4.11 : Montage expérimental du mélange quatre ondes dégénéré (DFWM)

L'énergie du faisceau <1>, prélevée par une lame séparatrice (BS$_4$), est mesurée par une photodiode modèle Hamamatsu S1226-8BK (Ph$_c$). La quatrième onde, de même polarisation linéaire que celle de l'onde <3> voit sa polarisation tournée de 90° après son retour à travers une lame demi-onde (L$_4$), avant d'être renvoyée par un prisme de Glan (BS$_5$) vers un photomultiplicateur Hamamatsu modèle R1828-01 (PMT). Enfin, pour chaque échantillon, les mesures d'énergie de l'onde <4> en fonction de l'énergie de l'onde pompe <1> s'effectuent sur un total de 50 impulsions lasers.

5. Inscription de réseaux de surface photo-induits

Les deux modes les plus utilisés pour inscrire des réseaux de surface photo-induits sont : le mode en transmission (utilisé dans le cadre de cette étude) et le mode en réflexion (par miroir de Lloyd [**Bar96, Kim95**]). Les modèles théoriques décrivant le mécanisme d'inscription d'un réseau de surface lié à l'interférence de deux ondes planes monochromatiques ont été détaillés précédemment (voir chapitre 2).

Le montage expérimental déjà disponible au laboratoire et utilisé dans le cadre de cette étude est un interféromètre par mélange à deux ondes dégénéré ou DTWM (pour *Degenerate Two Waves Mixing* en anglais) fonctionnant en mode transmission et présenté pour la première fois par Shank et al. en 1971 [**Hon91, Sha71**]. Sur ce montage, le faisceau incident, issu d'un laser Nd:YAG (532 nm, 16 ps, 10 Hz), est divisé, à l'aide d'une lame séparatrice BS, en deux faisceaux d'écriture qui interfèrent dans le plan de l'échantillon pour former le réseau de diffraction (voir figure 4.12). L'intensité et la polarisation des deux faisceaux d'écriture sont contrôlées par des polariseurs de Glan-Taylor (P) et des lames demi-onde ($\lambda/2$). Un faisceau de lecture issu d'un laser continu He-Ne (632,8 nm, 30 mW) permet de relever les différents ordres de diffraction du réseau (leur énergie est mesurée à l'aide d'une photodiode modèle Centronic Série OSI5).

Contrairement au miroir de Lloyd, ce montage a l'avantage de permettre de choisir avec précision la zone à irradier sur la couche mince et de conserver la géométrie circulaire de la section du faisceau laser. En revanche, l'inconvénient majeur de ce montage est de ne pas pouvoir faire varier simplement l'angle d'incidence θ tout en conservant une cohérence spatio-temporelle des faisceaux au sein du matériau non linéaire. Pour remédier à ce problème, une étude est actuellement menée par l'équipe technique du laboratoire pour concevoir un système mécanique piloté qui permettra de déplacer automatiquement les miroirs de renvoi M3 et M4 afin de faire varier l'angle θ en fonction du pas du réseau souhaité.

L'originalité de cette expérience résulte dans l'utilisation d'un laser pulsé picoseconde qui permet d'inscrire des réseaux de surface beaucoup plus rapidement qu'en régime continu (quelques secondes en régime pulsé contre plusieurs dizaines de secondes en continu) tout en veillant à minimiser les effets thermiques engendrés par l'irradiation laser et souvent à l'origine de la destruction du matériau [**Min06**]. De plus, à notre connaissance, encore relativement peu de travaux ont été publiés sur l'inscription de réseaux de surface photo-induits en régime pulsé [**Bal01, Li02, Ram99, Syv07**] bien que les avancées technologiques concernant les lasers ultra-rapides (notamment en terme de miniaturisation) ne cessent de s'accroître.

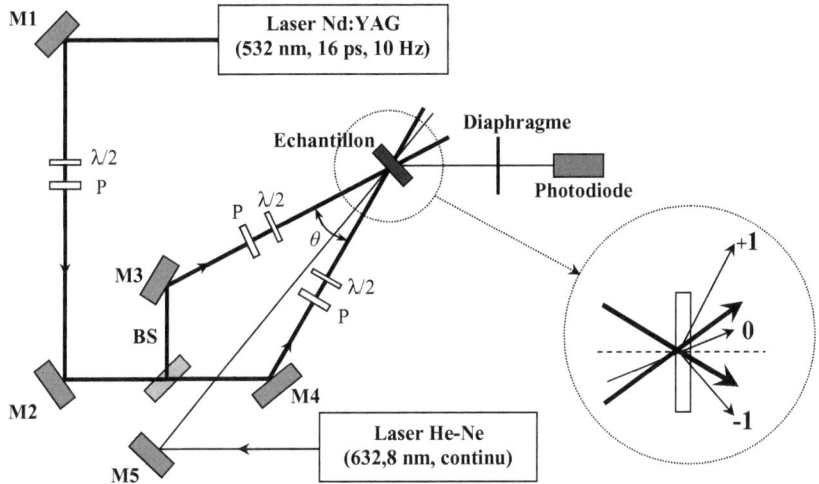

Figure 4.12 : Montage expérimental DTWM

6. Microscopie à force atomique (AFM)

Les années 1980 ont été marquées par l'apparition de microscopes d'un type nouveau, permettant d'atteindre de très haute résolution et donnant des images à l'échelle atomique de la surface de matériaux. Le premier d'entre eux, le microscope à effet tunnel ou STM (pour *Scanning Tunneling Microscopy* en anglais), naît en 1980 et le microscope à force atomique ou AFM (pour *Atomic Force Microscopy* en anglais) est développé peu après en 1986 par Binning et al. [**Bin86**]. Depuis son invention, le microscope AFM n'a cessé de se développer comme un outil d'observation de la surface d'échantillons à très haute résolution. Contrairement au microscope à effet tunnel, qui mesure le courant tunnel entre une pointe et un échantillon tous deux conducteurs, le microscope AFM est capable d'examiner avec la même résolution la surface de matériaux isolants comme les polymères ou les matériaux biologiques. Le microscope AFM permet d'obtenir la topographie d'une surface grâce à la mesure du champ de forces présent entre la sonde constituée d'une pointe fine et la surface de l'échantillon. L'utilisation de la force, pour observer la surface, est un concept général qui peut être appliqué aux forces magnétiques, électrostatiques, ainsi qu'aux forces d'interaction dites de Van der Waals (forces locales autour des atomes).

Dans le microscope à force atomique, comme son nom l'indique, les forces atomiques jouent un rôle prépondérant. Le microscope AFM a pour élément de base une pointe, de rayon de courbure en général de 20 à 50 nm, permettant d'observer des matériaux à l'échelle moléculaire. La pointe supportée par un microlevier (ou cantilever) est placée presque en contact avec la surface. A l'échelle atomique, les forces de Van der Waals sont d'une importance toute particulière. En rapprochant la pointe de la surface, elle subit une attraction dès que la distance pointe-échantillon est suffisamment faible ($\leq 0,2$ nm), et si cette distance diminue encore, c'est une répulsion qui s'exercera sur elle.

L'interaction pointe-échantillon est mesurée suivant la déflexion du levier qui supporte la pointe. L'opération consiste à balayer la surface de l'échantillon avec la pointe dans le plan $(X;Y)$ et d'évaluer la déflexion du microlevier (déplacement en Z) par un système de détection (tête optique) composé d'une diode laser, d'un miroir et d'une cellule photoélectrique formée d'une photodiode à quatre cadrans (voir figure 4.13). C'est la position de la réflexion sur cette cellule photoélectrique qui est enregistrée et qui traduit l'interaction pointe-échantillon. Le déplacement de la pointe ou de l'échantillon est réalisé par un tube piézo-électrique pouvant atteindre une résolution inférieure au dixième de nanomètre latéralement et verticalement.

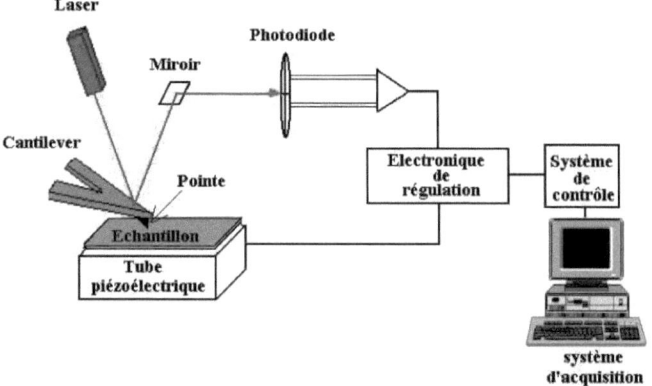

Figure 4.13 : Représentation schématique d'un microscope AFM

Deux modes opératoires sont possibles pour contrôler la position verticale de la pointe : le mode *hauteur constante* et le mode *déflexion constante*.
- Le mode *hauteur constante* permet de mesurer l'intensité des forces à une hauteur donnée et d'obtenir des courbes exprimant la force en fonction de la distance pointe-échantillon.
- Le mode *déflexion constante*, utilisé dans ce travail, permet d'acquérir des images du relief de la surface en maintenant une force constante entre la pointe et la surface. Un système d'asservissement permet d'ajuster en permanence la position de la pointe perpendiculairement à la surface afin de maintenir constante la consigne au cours du balayage. Cette consigne est liée soit à la déflexion du levier (le mode *contact*) soit à son amplitude d'oscillation (les modes *contact intermittent* ou *non-contact*) :
  - Le mode *contact* consiste à utiliser les forces répulsives : la pointe appuie sur la surface et le levier est dévié. La rétroaction s'effectue sur la mesure de la direction de la déviation.
  - Le mode *contact intermittent* (ou mode *tapping*), de loin le plus utilisé, consiste à faire vibrer le levier à sa fréquence propre de résonance (typiquement de l'ordre de la centaine de kHz), avec une certaine amplitude. Quand la pointe interagit avec la surface (essentiellement de façon répulsive), l'amplitude décroît (car la fréquence de résonance change). La rétroaction se fait alors sur l'amplitude d'oscillation du levier. Ce mode est particulièrement avantageux pour l'étude des matériaux « mous » car il permet de minimiser les forces de cisaillement à l'interface entre la pointe et la surface au cours du balayage et ainsi d'obtenir des images de meilleure qualité sans endommager les échantillons analysés.
  - Le mode *non-contact* utilise les forces dites attractives. Difficile à gérer, il est très peu utilisé en pratique car les forces attractives sont très faibles et nécessitent par conséquent un environnement très faiblement bruité. Par ailleurs, toute surface à l'air ambiant est recouverte d'une couche de l'ordre du nanomètre d'épaisseur d'eau et de divers polluants qui affecte fortement les mesures (le vide est plus que conseillé pour obtenir une sensibilité et une résolution suffisante). La rétroaction s'effectue soit sur la déviation du levier allant en sens opposé à celle du mode *contact*, soit sur l'amplitude de ces oscillations.

Dans ce travail de thèse, nous avons utilisé, avec l'appui technique des ingénieurs Robert Filmon et Romain Mallet, le microscope AFM (modèle Autoprobe CP Research Veeco) du Service Commun d'Imageries et Analyses Microscopiques (SCIAM) de l'Université d'Angers. Ce microscope nous a permis d'observer les réseaux photo-induits inscrits à la surface des couches minces des complexes organométalliques étudiés en utilisant le mode opératoire *déflexion constante* en mode *contact* avec une distance maximale de balayage de 6,5 µm en X et Y, et de 1 µm en Z.

7. Conclusion du chapitre

Dans ce chapitre, nous avons décrit les méthodes utilisées pour déterminer les propriétés ONL du deuxième et troisième ordre des matériaux étudiés dans le cadre cette thèse. Une présentation des principes, des modèles théoriques et des montages expérimentaux a été proposée pour chacune des techniques ONL présentées. Nous avons également détaillé le principe de la technique utilisée pour inscrire des réseaux de surface photo-induits avant de conclure par une description du principe de la microscopie à force atomique.

Toutes les techniques expérimentales décrites dans ce chapitre fonctionnent en régime pulsé picoseconde et permettent notamment de minimiser les effets thermiques et par conséquent d'éviter la détérioration des échantillons à caractériser. D'autre part, il est important de préciser que l'énergie totale des faisceaux a été mesurée en fonction des besoins à l'aide de différents photodétecteurs (photodiode, photomultiplicateur, ...) tous connectés à un même système d'acquisition qui a été développé spécifiquement pour répondre aux besoins des chercheurs du laboratoire [**Luc05**]. Cette centrale permet d'automatiser l'acquisition des signaux issus des photodétecteurs et de piloter les platines optiques de translation et de rotation présents sur les différents montages expérimentaux.

Les résultats expérimentaux obtenus à l'aide des diverses techniques expérimentales sont détaillés et discutés dans le chapitre 5.

Références du Chapitre 4 :

[Bal01]   O. Baldus, A. Leopold, R. Hagen, T. Bieringer, and S. J. Zilker, *Surface relief gratings generated by pulsed holography: A simple way to polymer nanostructures without isomerizing side-chains*, J. Chem. Phys., **114**, 3, 1344-1349 (2001)

[Bar96]   C. J. Barrett, A. L. Natansohn, and P. L. Rochon, *Mecanism of optically inscribed high-efficiency diffraction gratings in azo polymer films*, J. Phys. Chem., **100**, 21, 8836-8842 (1996)

[Bin86]   G. Binning, C. F. Quate, and C. Gerber, *Atome force microscopy*, Phys. Rev. Lett., **56**, 9, 930-933 (1986)

[Blo62]   N. Bloembergen, and P. S. Pershan, *Light waves at the boundary of nonlinear media*, Phys. Rev., **128**, 2, 606-622 (1962)

[Bos00]   C. Bosshard, U. Gubler, P. Kaatz, W. Mazerant, and U. Meier, *Non-phase-matched optical third-harmonic generation in noncentrosymmetric media: Cascaded second-order contributions for the calibration of third-order nonlinearities*, Phys. Rev. B, **61**, 16, 10688-10701 (2000)

[Bou04]   G. Boudebs, and S. Cherukulappurath, *Nonlinear optical measurements using a 4f coherent imaging system with phase object*, Phys. Rev. A, **69**, 053813, 1-6 (2004)

[Bou05]   G. Boudebs, and S. Cherukulappurath, *Nonlinear refraction measurements in presence of nonlinear absorption using phase object in a 4f system*, Opt. Commun., **250**, 416-420 (2005)

[Boy92]   R. W. Boyd, *Nonlinear Optics*, Academic Press Inc. (1992)

[Bra97]   M. Braun, F. Bauer, T. Vogtmann, and S. Schwoerer, *Precise second-harmonic generation maker fringe measurements in single crystals of diacetylene NP/4-MPU and evaluation by a second-harmonic generation theory in 4x4 matrix formulation and ray tracing*, J. Opt. Soc. Am. B, **14**, 7, 1699-1706 (1997)

[But90]   P. N. Butcher, and D. Cotter, *The elements of non-linear optics*, Cambridge University Press (1990)

[Che99]   P. Chen, D. A. Oulianov, I. V. Tomov, and P. M. Rentzepis, *Two-dimensional Z-scan for arbitrary beam shape and sample thickness*, J. Appl. Phys., **85**, 10, 7043-7050 (1999)

[Fei89]   J. Feinberg et K. R. MacDonald, *Photorefractive materials and their applications*, Springer-Verlag, 1989

[Fio00]   C. Fiorini, N. Prudhomme, G. De Veyrac, I. Maurin, P. Raimond, and J.-M. Nunzi, *Molecular migration mechanism for laser induced surface relief grating formation*, Synth. Met., **115**, 121-125 (2000)

[Fis83]   R. A. Fisher, *Optical Phase Conjugation*, Academic Press Inc. (1983)

[Fuk05]   I. Fuks-Janczarek, J. Luc, B. Sahraoui, F. Dumur, P. Hudhomme, J. Berdowski, and I.V. Kityk, *Third-Order Nonlinear Optical Figure of Merits for Conjugated TTF-Quinone Molecules*, J. Phys. Chem. B, **109**, 10179-10183 (2005)

[Gue90]   R. D. Guenther, *Modern Optics*, Ed. John Wiley and Sons (1990)

[Gub00]   U. Gubler, and C. Bosshard, *Optical third-harmonic generation of fused silica in gas atmosphere: Absolute value of the third-order nonlinear optical susceptibility* $\chi^{<3>}$, Phys. Rev. B, **61**, 16, 10702-10710 (2000)

[Gui04] M. Guillaume, E. Botek, B. Champagne, F. Castet, and L. Ducasse, *Theoretical investigation of the linear and second-order nonlinear susceptibilities of the POM crystal*, J. Chem. Phys., **121**, 15, 7390-7400 (2004)

[Her95] W. Herman, and L. Hayden, *Maker fringes revisited: second-harmonic generation from birefringent or absorbing materials*, J. Opt. Soc. Am. B, **12**, 3, 416-427 (1995)

[Hon91] J. H. Hong, and R. Saxena, *Diffraction efficiency of volume holograms written by coupled beams*, Opt. Lett, **16**, 3, 180-182 (1991)

[Jer70] J. Jerphagnon, and S. Kurtz, *Maker fringes : a detailed comparison of theory and experiment for isotropic and uniaxial crystals*, J. Appl. Phys., **40**, 4, 1667-1681 (1970)

[Kaj85] F. Kajzar, and J. Messier, *Third-harmonic generation in liquids*, Phys. Rev. A, **32**, 4, 2352-2363 (1985)

[Kaj86] F. Kajzar, J. Messier, and C. Rosilio, *Nonlinear optical properties of thin films of polysilane*, J. Appl. Phys., **60**, 9, 3040-3044 (1986)

[Kaj01] F. Kajzar, Y. Okada-Shudo, C. Meritt, and Z. Kafafi, *Second- and third-order non-linear optical properties of multilayered structures and composites of C_{60} with electron donors*, Synth. Met., **117**, 189-193 (2001)

[Kim95] D. Y. Kim, L. Li, X. L. Jiang, V. Shivshankar, J. Kumar, and S. K. Tripathy, *Polarized laser induced holographic surface relief gratings on polymer films*, Macromol., **28**, 26, 8835-8839 (1995)

[Kle62] D. Kleinman, *Nonlinear dielectric polarization in optical media*, Phys.Rev., **26**, 6, 1977-1979 (1962)

[Kub90] K. Kubodera, and H. Kobayashi, *Determination of third-order nonlinear optical susceptibilities for organic materials by third-harmonic generation*, Mol. Cryst. Liq. Cryst., **182**, 1, 103-113 (1990)

[Kul07] B. Kulyk, Z. Essaidi, J. Luc, Z. Sofiani, G. Boudebs, B. Sahraoui, V. Kapustianyk, and B. Turko, *Second and third order nonlinear optical properties of microrod ZnO films deposited on sapphire substrates by thermal oxidation of metallic zinc*, J. Appl. Phys., **102**, 113113, 1-6 (2007)

[Kur68] S. K. Kurtz, and T. T. Perry, *A powder technique for the evaluation of nonlinear optical materials*, J. Appl. Phys., **39**, 8, 3798-3813 (1968)

[Lee01] G. J. Lee, S. W. Cha, S. J. Jeon, and J.-I. Jin, *Second-order nonlinear optical properties of unpoled bent molecules in powder and in vacuum-deposited film*, J. Kor. Phys. Soc., **39**, 5, 912-915 (2001)

[Li02] Y. Li, K. Yamada, T. Ishizuka, W. Watanabe, K. Itoh, and Z. Zhou, *Single femtosecond pulse holography using polymethyl methacrylate*, Opt. Exp., **10**, 21, 1173-1178 (2002)

[Luc05] J. Luc, *Réalisation de la technique de génération d'harmonique 3 et étude de nouveaux matériaux en vue d'applications en optoélectronique*, CNAM, TH12648, **1**, 1-126 (2005)

[Mak62] P. Maker, R. Terhune, M. Nisenoff, and C. Savage, *Effects of dispersion and focusing on the production of optical harmonics*, Phys. Rev. Lett., **8**, 1, 21-22 (1962)

[Min06] A. Miniewicz, B. Sahraoui, E. Schab-Balcerzak, A. Sobolewska, A. C. Mitus, and F. Kajzar, *Pulsed-laser grating recording in organic materials containing azobenzene derivatives*, Nonlin. Opt. Quant. Opt., **35**, 95-102 (2006)

[Mye91]   R. A. Myers, N. Mukherjee, and S. R. J. Brueck, *Large second-order nonlinearity in poled fused silica*, Opt. Lett., **16**, 22, 1732-1734 (1991)

[Ram99]   P. S. Ramanujam, M. Pedersen, and S. Hvilsted, *Instant holography*, Appl. Phys. Lett., **74**, 21, 3227-3229 (1999)

[Rei84]   J. F. Reintjes, *Nonlinear Optical Parametric Processes in Liquids and Gases*, Academic Press Inc., Quantum Electronics, Principles and applications (1984)

[Sah96]   B. Sahraoui, *Propriétés optiques non linéaires du troisième ordre dans des nouveaux dérivés du tétrathiafulvalène*, Thèse n°239, Université d'Angers (1996)

[Sah97]   B. Sahraoui, and G. Rivoire, *Degenerate four-wave mixing in absorbing isotropic media*, Opt. Comm., **138**, 109-112 (1997)

[Sha71]   C. V. Shank, J. E. Bjorkholm, and H. Kogelnik, *Tunable distributed-feedback dye laser*, Appl. Phys. Lett., **18**, 9, 395-396 (1971)

[She89]   M. Sheik-Bahae, A. A. Said, and E. W. Van Stryland, *High-sensitivity, single beam n_2 measurements*, Opt. Lett., **14**, 17, 955-957 (1989)

[She90]   M. Sheik-Bahae, A. A. Said, T.-H. Wei, D. J. Hagan, and E. W. Van Stryland, *Sensitive measurement of optical nonlinearities using a single beam*, IEEE J. Quantum Elect., **26**, 4, 760-769 (1990)

[She92]   M. Sheik-Bahae, J. Wang, R. Desalvo, D. J. Hagan, and E. W. Van Stryland, *Measurement of nondegenerate nonlinearities using a two-color Z scan*, Opt. Lett., **17**, 4, 258-260 (1992)

[Ste87]   S. Sternkalr et B. Fischer, *Double-color-pumped photorefractive oscillators and image color conversion*, Opt. Lett., **12**, 9, 711-713 (1987)

[Syv07]   Y. Syvenkyy, B. Kotlyarchuk, V. Savchuk, A. Zaginey, S. Dabos-Seignon, B. Derkowska, O. Lychak, and B. Sahraoui, *Laser-induced formation of periodical structures on the $A^{II}B^{VI}$ semiconductors surfaces*, Opt. Mat., **30**, 3, 380-383 (2007)

[Tse96]   K. Y. Tseng, K. S. Wong, and G. K. L. Wong, *Femtosecond time-resolved Z-scan investigations of optical nonlinearities in ZnSe*, Opt. Lett., **21**, 3, 180-182 (1996)

[Wan98]   X. H. Wang, D. P. West, N. B. McKeown, and T. A. King, *Determining the cubic susceptibility $\chi^{<3>}$ of films or glasses by the Maker fringe method: a representative study of spin-coated films of copper phthalocyanine derivation*, J. Opt. Soc. Am. B, **15**, 7, 1895-1903 (1998)

[Xia94]   T. Xia, D. J. Hagan, M. Sheik-Bahae, and E. W. Van Stryland, *Eclipsing Z-scan measurement of $\lambda/10^4$ wave-front distortion*, Opt. Lett., **19**, 5, 317-319 (1994)

[Yar77]   A. Yariv, and D. M. Pepper, *Amplified reflexion, phase conjugation, and oscillation in degenerate four wave mixing*, Opt. Lett., **1**, 1, 16-18 (1977)

Chapitre 5

Résultats expérimentaux

Chapitre 5

Table des matières

1. Complexes organométalliques A-E 114

   1.1. Spectroscopie d'absorption UV-Visible *114*

   1.2. Voltampérométrie cyclique *115*

   1.3. Diffraction aux rayons X *116*
      1.3.1. Diffusion WAXS 117
      1.3.2. Diffusion WAXS 2D et 3D 119
      1.3.3. Carte de Patterson 121

   1.4. Orientation des chromophores par corona poling *121*

   1.5. Génération de second harmonique (SHG) *123*

   1.6. Génération de troisième harmonique (THG) *125*

   1.7. Méthode Z-scan *128*

   1.8. Calculs théoriques de chimie quantique *129*

   1.9. Réseaux de surface photo-induits *133*
      1.9.1. Influence de l'intensité des faisceaux d'écriture 133
      1.9.2. Influence de la polarisation des faisceaux d'écriture 134
      1.9.3. Comparaison avec un matériau de référence 138
      1.9.4. Inscription de réseaux bidimensionnels 141

2. Complexes organométalliques F-I' 142

   2.1. Spectroscopie d'absorption UV-Visible *142*

   2.2. Voltampérométrie cyclique *143*

   2.3. Génération de second harmonique (SHG) *145*

   2.4. Mélange quatre ondes dégénéré (DFWM) *147*

   2.5. Calculs théoriques de chimie quantique *152*

3. Conclusion du chapitre 154

Chapitre 5   *Résultats expérimentaux*

Liste des Figures

Figure 5.1 : Spectres d'absorption UV-VIS des complexes **A-E** (en solution dans le dichlorométhane avec une concentration de 10^{-5} mol.L^{-1}) 115

Figure 5.2 : Raies de diffraction se superposant à un halo amorphe 116

Figure 5.3 : Diffraction des plans cristallins (loi de Bragg) 117

Figure 5.4 : Montage en réflexion Bragg-Brentano (θ-θ) avec miroir parabolique de Göbel 118

Figure 5.5 : Diffractogrammes de diffusion WAXS des poudres des complexes **A-C** (les courbes étant déplacées verticalement pour plus de clarté) 118

Figure 5.6 : Diffractogrammes de diffusion WAXS des couches minces des complexes **A-C** non orientées par corona poling 119

Figure 5.7 : Goniomètre à quatre cercles ou *berceau d'Euler* 120

Figure 5.8 : Diffractogrammes de diffusion WAXS 2D typiques d'une couche mince non orientée (à gauche) et orientée (à droite) 120

Figure 5.9 : Diffractogrammes de diffusion WAXS 3D d'une couche mince du complexe **B** non orientée (à gauche) et orientée (à droite) 120

Figure 5.10 : Orientation et position des molécules dans la maille 121

Figure 5.11 : Résultat de la simulation numérique de la dynamique moléculaire (à gauche), et carte de Patterson 2D (au milieu) et 3D (à droite) d'une couche mince du complexe **B** 121

Figure 5.12 : Orientation d'une couche mince par *effet corona* 122

Figure 5.13 : Signal SHG en fonction de l'angle d'incidence du faisceau fondamental (exemple pour le complexe **B** avec I_ω = 10 GW/cm^2) avant (Δ) et après (o) corona poling (en polarisation *pp*) ; —— théorie, (Δ, o) expérience 124

Figure 5.14 : Histogrammes des valeurs de $\chi_{eff}^{<2>}$ ($\pm$ 10%) des complexes **A-E** 125

Figure 5.15 : Signal THG en fonction de l'angle d'incidence du faisceau fondamental en polarisation *ss* avec I_ω = 10 GW/cm^2 (exemple pour le complexe **B**) 126

Figure 5.16 : Valeurs du $\chi_{elec}^{<3>}$ ($\pm$ 10%) pour les complexes **A-E** 127

Figure 5.17 : Comparaison entre les spectres théorique et expérimental du complexe **B** : —— théorie, --- expérience (pour 9 eV) 132

Figure 5.18 : Distribution du potentiel électrostatique des complexes **A-C** 132

Figure 5.19 : Efficacité du premier ordre de diffraction en fonction du temps d'irradiation (complexe **C**) pour différentes intensités des faisceaux d'écriture (en polarisation *s-s*) 134

Figure 5.20 : Efficacité du premier ordre de diffraction en fonction du temps d'irradiation (complexe **C**) pour différents états de polarisation des faisceaux d'écriture (à 10 GW/cm²) 135

Figure 5.21 : Efficacité du premier ordre de diffraction en fonction du temps d'irradiation (complexes **A-C**) à 10 GW/cm² (en polarisation *s-s*) 135

Figure 5.22 : Amplitude de modulation en fonction du temps d'irradiation (complexes **A-C**) à 10 GW/cm² (en polarisation *s-s*) 136

Figure 5.23 : Images AFM 2D (à gauche) et 3D (à droite) d'un réseau de surface photo-induit (complexe **B**) à 10 GW/cm² (en polarisation *s-s*) 136

Figure 5.24 : Profil de la section transverse d'un réseau de surface (complexe **B**) à 10 GW/cm² (en polarisation *s-s*) 137

Figure 5.25 : Réponse en créneaux de l'inscription d'un réseau de surface photo-induit (complexe **C**) à 10 GW/cm² (en polarisation *s-s*) 137

Figure 5.26 : Structures chimiques du **DR1** (à gauche) et du **PMMA** (à droite) 138

Figure 5.27 : Spectres d'absorption UV-VIS des composés sous forme de couches minces **PMMA-A\B\C\DR1** 139
Figure 5.28 : Efficacité du premier ordre de diffraction en fonction du temps d'irradiation (composés **PMMA-A\B\C\DR1**) à 10 GW/cm² (en polarisation *s-s*) 139
Figure 5.29 : Images AFM 2D (à gauche) et 3D (à droite) d'un réseau de surface bidimensionnel (à 10 GW/cm²) pour le complexe **B** (en polarisation *s-s*) 141
Figure 5.30 : Spectre d'absorption UV-VIS typique des complexes **F-I'** (en solution dans le dichlorométhane avec une concentration de 10^{-5} mol.L^{-1}) 142
Figure 5.31 : Voltamogramme obtenu pour l'oxydation Ru^{II}/Ru^{III} dans le complexe **G** 143
Figure 5.32 : Variations des potentiels d'oxydation en fonction du transmetteur et de l'accepteur 144
Figure 5.33 : Signal SHG en fonction de l'angle d'incidence du faisceau fondamental (exemple pour le complexe **H** avec $I_\omega = 10$ GW/cm²) en polarisation *pp* ; — théorie, (Δ) expérience 146
Figure 5.34 : Histogrammes des valeurs de $\chi_{eff}^{<2>}$ (± 10%) des complexes **F-I'** 147
Figure 5.35 : Rendement DFWM *R* (en polarisation verticale *xxxx*) en fonction de la concentration pour le complexe **F** 147
Figure 5.36 : Rendement DFWM *R* à C_{opt} en fonction de l'intensité $I^{<1>}$ pour le complexe **H** (et pour différentes polarisations des faisceaux incidents) 148
Figure 5.37 : Rendement DFWM R_{xxxx} à C_{opt} en fonction de l'intensité $I^{<1>}$ pour les complexes étudiés **F-I'** 149
Figure 5.38 : Intensité du signal normalisé $I^{<4>}$ en fonction du temps de retard du faisceau pompe <2> : (a) pour les complexes **F, F', G, G'** et (b) pour les complexes **H, H', I'** 151

Liste des Tableaux

Tableau 5.1 : Masses molaires M, longueurs d'onde maximales d'absorption λ_{max}, nombres d'onde ν et coefficients d'absorption molaire ε des complexes **A-E** (en solution dans le dichlorométhane avec une concentration de 10^{-5} mol.L^{-1}) 115
Tableau 5.2 : Potentiels d'ionisation, gap optique et niveaux d'énergie des orbitales moléculaires HOMO et LUMO des complexes **A-E** 115
Tableau 5.3 : Comparaison (avant et après orientation par corona poling) des valeurs de $\chi_{eff}^{<2>}$ (± 10%) des complexes **A-E** avec $I_\omega = 10$ GW/cm² (en polarisation *pp*) 124
Tableau 5.4 : Comparaison des valeurs de $\chi_{elec}^{<3>}$ (± 10%) des complexes **A-E** avec $I_\omega = 10$ GW/cm² (en polarisation *ss*) 127
Tableau 5.5 : Comparaison (avant et après orientation par corona poling) des valeurs de $\chi_{elec}^{<3>}$ (± 10%) des complexes **A-E** avec $I_\omega = 10$ GW/cm² (en polarisation *ss*) ... 127
Tableau 5.6 : Valeurs de $\chi_{elec}^{<3>}$, $\chi_{mol}^{<3>}$, $\chi_R^{<3>}$, $\chi_I^{<3>}$, $|\chi^{<3>}|$ et γ (± 10%) pour différentes concentrations (C_m et C_{mol}) des complexes **A-C** 128
Tableau 5.7 : Positions des maxima d'absorption (1' ; 2') des spectres expérimentaux 131
Tableau 5.8 : Positions des maxima d'absorption (1 ; 2) des spectres théoriques en fonction de l'énergie d'excitation 131

Chapitre 5 _____ Résultats expérimentaux

Tableau 5.9 : Différence de position des maxima d'absorption entre les spectres simulés théoriquement et mesurés expérimentalement ((1 ; 2) : théorie et (1' ; 2') : expérience) 131

Tableau 5.10 : Valeurs des efficacités du premier ordre de diffraction pour différents états de polarisation des faisceaux d'écriture (à 10 GW/cm²) pour les complexes **A-C** (réseaux 1D) 135

Tableau 5.11 : Valeurs des amplitudes moyennes de modulation pour différents états de polarisation des faisceaux d'écriture (à 10 GW/cm²) pour les complexes **A-C** (réseaux 1D) 135

Tableau 5.12 : Valeurs des temps d'inscription des réseaux pour différents états de polarisation des faisceaux d'écriture (à 10 GW/cm²) pour les complexes **A-C** 138

Tableau 5.13 : Valeurs des efficacités du premier ordre de diffraction pour différents états de polarisation des faisceaux d'écriture (à 10 GW/cm²) pour les composés **PMMA-A\B\C\DR1** 140

Tableau 5.14 : Valeurs des amplitudes moyennes de modulation pour différents états de polarisation des faisceaux d'écriture (à 10 GW/cm²) pour les composés **PMMA-A\B\C\DR1** 140

Tableau 5.15 : Valeurs des temps d'inscription des réseaux pour différents états de polarisation des faisceaux d'écriture (à 10 GW/cm²) pour les composés **PMMA-A\B\C\DR1** 140

Tableau 5.16 : Valeurs des efficacités du premier ordre de diffraction pour différents états de polarisation des faisceaux d'écriture (à 10 GW/cm²) pour les complexes **A-C** (réseaux 2D) 141

Tableau 5.17 : Valeurs des amplitudes moyennes de modulation pour différents états de polarisation des faisceaux d'écriture (à 10 GW/cm²) pour les complexes **A-C** (réseaux 2D) 142

Tableau 5.18 : Longueurs d'onde λ (nm), nombres d'onde ν (cm^{-1}) et coefficients d'absorption molaire ε ($\times 10^4$ L.mol^{-1}.cm^{-1}) des différentes bandes des spectres d'absorption 143

Tableau 5.19 : Niveaux d'énergie des orbitales moléculaires des complexes étudiés **F-I'** ... 144

Tableau 5.20 : Comparaison des valeurs de $\chi_{eff}^{<2>}$ ($\pm$ 10%) des complexes **F-I'** avec I_ω = 10 GW/cm² (en polarisation *pp*) 146

Tableau 5.21 : Les paramètres M, C_{opt}, λ_{max}, T et α représentent respectivement la masse molaire, la concentration molaire optimale, la longueur d'onde à l'absorption maximale, les coefficients de transmission et d'absorption linéaire à C_{opt} 148

Tableau 5.22 : Les paramètres (donnés à $\pm$ 10%) $\chi_{xxxx}^{<3>}$, $\chi_{xxyy}^{<3>}$, $\chi_{yxyx}^{<3>}$, $\chi_{yxxy}^{<3>}$, γ_{xxxx} et $\chi_{xxxx}^{<3>}/\alpha$ représentent respectivement les susceptibilités électriques non linéaires du troisième ordre pour différentes polarisations des faisceaux incidents, l'hyperpolarisabilité non linéaire du second ordre et le facteur de mérite (à C_{opt}) 149

Tableau 5.23 : Paramètres $\chi^{<3>}$ ($\pm$ 10%) déduits à partir de l'expérience DFWM pour les complexes étudiés à C_{opt} 150

Tableau 5.24 : Comparaison du paramètre $\chi_{xxxx}^{<3>}$ ($\pm$ 10%) des complexes étudiés (mélangés au dichlorométhane et incorporés dans une matrice de PMMA) 152

Tableau 5.25 : Valeurs calculées et mesurées de γ_{xxxx} ($\pm$ 10%) (λ = 532 nm) 153

- 113 -

Chapitre 5

Résultats expérimentaux

Dans ce chapitre, nous détaillons les résultats expérimentaux obtenus sur les deux séries de complexes organométalliques (complexes **A-E** et **F-I'**) étudiés dans le cadre de cette thèse. Nous explicitons, pour chacun de ces complexes, leurs caractéristiques en spectroscopie d'absorption UV-Visible, en voltampérométrie cyclique et en ONL du second et troisième ordre. Des résultats de calculs théoriques de chimie quantique sont également présentés afin de proposer une étude de ces complexes à l'échelle moléculaire. De plus, nous apportons des informations complémentaires sur les complexes **A-C** (possédant un fragment azobenzène) par la diffusion des rayons X aux grands angles (WAXS) et par l'étude de la dynamique de formation de réseaux photo-induits à la surface de couches minces de ces complexes.

1. Complexes organométalliques A-E

1.1. Spectroscopie d'absorption UV-Visible

Les spectres d'absorption ont été réalisés à l'aide d'un spectrophotomètre Perkin Elmer Lambda 19 UV/VIS/NIR et mesurés sur couches minces (épaisseur de l'ordre de 300 nm) et en solution dans du dichlorométhane avec une concentration de 10^{-5} mol.L^{-1}. Les valeurs des longueurs d'onde à l'absorption maximale λ_{max} (sur couches minces et en solution) sont données à ± 2 nm près dans le tableau 5.1. Aucune différence notable n'a été observée sur les valeurs de λ_{max} entre couches minces et solutions pour les complexes **A-E**. Les spectres d'absorption, illustrés sur la figure 5.1 pour les complexes **A-E** étudiés en solution dans le dichlorométhane, montrent de larges bandes résultant de la superposition des bandes liées au transfert de charge métal-ligand ou MLCT (pour *Metal Ligand Charge Transfer* en anglais) du complexe acétylure et de la contribution π-π^* du système azobenzène [**Hur01, Nau98**]. De plus, les fragments N,N-dibutylamine et azobenzène qui différencient les complexes **D** et **B** et les complexes **E** et **C**, induisent un déplacement du maximum d'absorption vers les plus grandes longueurs d'onde (effet bathochrome) respectivement de 65 nm et 34 nm. Les complexes **A-C** possèdent un coefficient d'absorption molaire à λ_{max} deux à quatre fois plus important que celui des complexes **D** et **E**. De plus, au-delà de 600 nm, les complexes **A-E** ne sont plus que très faiblement absorbants.

Complexes	M [g.mol^{-1}]	λ_{max} [nm]	$\bar{\nu}$ [cm^{-1}]	ε [× 10^3 L.mol^{-1}.cm^{-1}]
A	1265,36	495	20200	159
B	1359,42	487	20530	126
C	1365,38	484	20660	87
D	1062,18	423	23640	39
E	1068,13	450	22220	57

Tableau 5.1 : Masses molaires M, longueurs d'onde maximales d'absorption λ_{max}, nombres d'onde $\bar{\nu}$ et coefficients d'absorption molaire ε des complexes **A-E** (en solution dans le dichlorométhane avec une concentration de 10^{-5} mol.L^{-1})

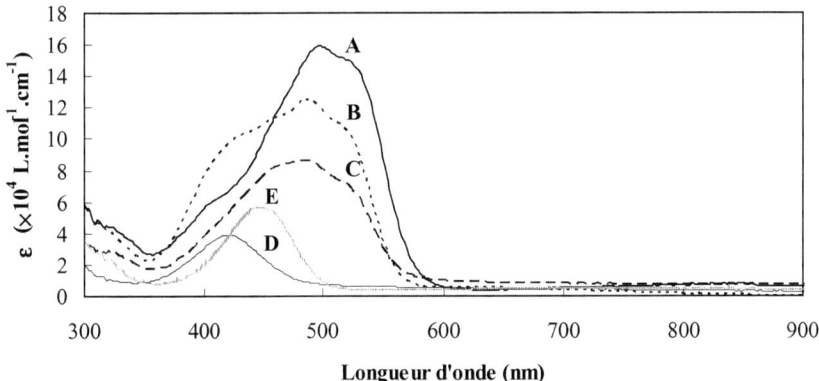

Figure 5.1 : Spectres d'absorption UV-VIS des complexes **A-E** (en solution dans le dichlorométhane avec une concentration de 10^{-5} mol.L^{-1})

1.2. Voltampérométrie cyclique

Pour la série des complexes **A-E**, les valeurs des potentiels d'ionisation, du gap optique et des niveaux d'énergie HOMO et LUMO (voir paragraphe 3 du chapitre 3) sont présentées dans le tableau 5.2.

Complexes	E_{ox} [V]	HOMO [eV]	Gap optique [eV]	LUMO [eV]
A	0,59	-4,99	2,16	-2,83
B	0,60	-5,00	2,18	-2,82
C	0,60	-5,00	2,19	-2,81
D	0,60	-5,00	2,58	-2,42
E	0,62	-5,02	2,50	-2,52

Tableau 5.2 : Potentiels d'ionisation, gap optique et niveaux d'énergie des orbitales moléculaires HOMO et LUMO des complexes **A-E**

Les niveaux d'énergie des orbitales moléculaires montrent que, pour un potentiel d'oxydation Ru^{II}/Ru^{III} quasi-identique, les niveaux d'énergie à l'état excité pour les complexes **D** et **E** sont supérieurs à ceux des complexes **A-C**. Les différences spectrales et électrochimiques observées précédemment sont liées aux différences importantes de longueurs des chaînes π-conjuguées des complexes **A-C** par rapport à celles des complexes **D** et **E**, traduites par l'absence des fragments N,N-dibutylamine et azobenzène dans les complexes **D** et **E**. D'autre part, on observe que cette augmentation est plus importante pour le complexe **D** possédant un fragment benzaldéhyde que pour le complexe **E** possédant un fragment thiophène carboxaldéhyde.

1.3. Diffraction aux rayons X

La diffraction aux rayons X est une méthode d'analyse chimique quantitative et non destructive permettant de distinguer les états d'ordre et de désordre de la matière dans les matériaux solides. Les sources classiques de rayons X sont des tubes scellés délivrant une puissance maximale d'environ 2 kW. Le métal bombardé (du cuivre le plus souvent) émet des rayons X sous la forme d'un spectre continu auquel se superposent des raies intenses caractéristiques du métal.

Les matériaux amorphes produisent des diffractogrammes composés d'un ou plusieurs halos tandis que ceux des matériaux cristallins sont caractérisés par des pics bien définis. La présence d'une phase cristalline à l'intérieur d'une matrice amorphe induit des raies de diffraction se superposant au halo amorphe, comme illustré ci-dessous :

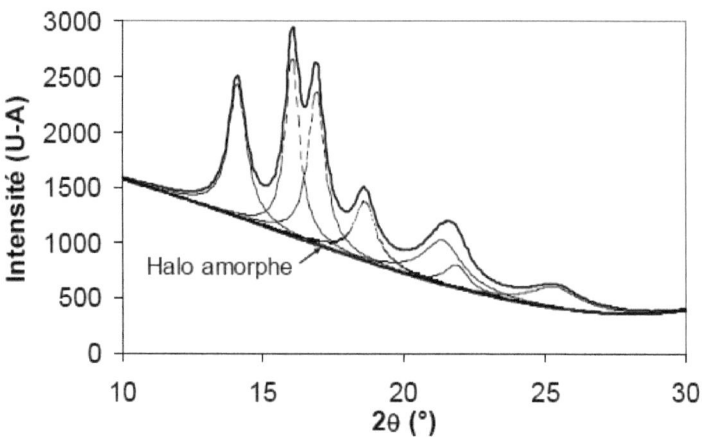

Figure 5.2 : Raies de diffraction se superposant à un halo amorphe

La distance d_{hkl} entre les plans cristallographiques {hkl} de la structure cristalline peut être calculée par la loi dite de Bragg [**Aki04**] (voir figure 5.3) :

$$d_{hkl} = \frac{n\lambda}{2\sin\theta} \qquad (5.1)$$

où θ désigne l'angle d'incidence pour la diffraction des plans {hkl}, λ la longueur d'onde du rayon incident et n un nombre entier, appelé ordre, correspondant aux différents harmoniques de diffraction. Cette loi précise que les plans cristallins {hkl} définis par le réseau cristallin et ayant une distance interplanaire d_{hkl}, produiront de la diffraction à un angle de déviation 2θ par rapport à un faisceau de rayons X incident de longueur d'onde λ.

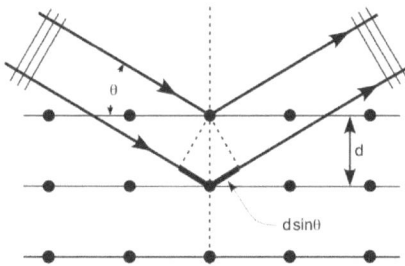

Figure 5.3 : Diffraction des plans cristallins (loi de Bragg)

1.3.1. Diffusion WAXS

La diffusion des rayons X aux grands angles ou WAXS (pour *Wide Angle X-rays Scattering* en anglais) est utilisée en particulier pour l'analyse structurale des matériaux amorphes mal cristallisés ou plus généralement dépourvus d'une organisation périodique étendue. Les diffusions observées à des angles plus petits (inférieurs à 1°) sont utilisées pour caractériser des structures de plus grandes tailles. Dans ce cas, on utilise la technique de diffusion aux petits angles ou SAXS (pour *Small Angle X-rays Scattering* en anglais).

En étudiant la répartition angulaire du signal réfléchi, on obtient une série de maxima d'intensité correspondant aux différentes familles de plans cristallins des constituants du système étudié. De la position des pics peut être également déduite la nature cristalline du matériau étudié. Dans ce travail, les diffractogrammes de diffusion des rayons X aux grands angles ont été acquis en réflexion avec une radiation CuKα (1,542 Å) et un montage classique Bragg-Brentano (θ-θ) sur un diffractomètre PanAnalytical X'Pert PRO de l'équipe de recherche du Dr Jacek Niziol de l'Université des Sciences et Technologies (AGH) de Cracovie en Pologne. Dans cette expérience, un montage à faisceau parallèle possédant un miroir parabolique dit de Göbel a été monté afin de caractériser des couches minces (voir figure 5.4). En faisceau parallèle, la déviation ne dépend que de la direction du détecteur, l'alignement du miroir étant néanmoins l'opération conditionnant le plus la qualité de la mesure.

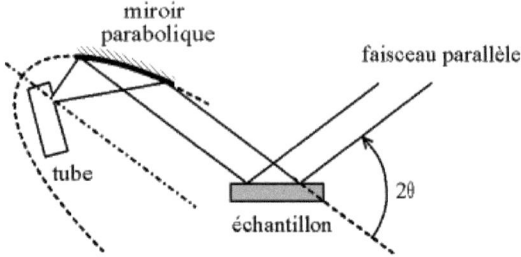

Figure 5.4 : Montage en réflexion Bragg-Brentano (θ-θ) avec miroir parabolique de Göbel

La technique conventionnelle de détermination par WAXS de la répartition spatiale des orientations cristallographiques appelée texture, consiste à réaliser des mesures dans tout l'espace de l'intensité diffusée par une famille de plans {hkl} à l'aide d'un goniomètre. On obtient ensuite un spectre de diffusion où les différents pics correspondent aux différentes familles de plans cristallins.

Lorsque l'échantillon est polycristallin, comme c'est le cas des poudres des complexes organométalliques **A-C** étudiés, les diffractogrammes de diffusion WAXS détectent tous les plans cristallographiques existants (voir figure 5.5).

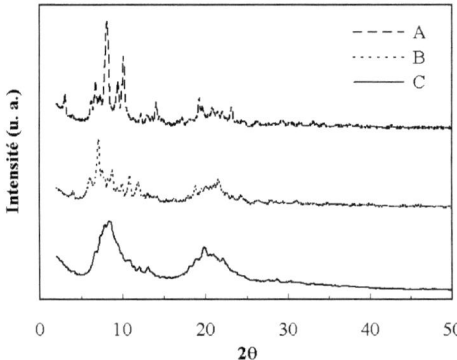

Figure 5.5 : Diffractogrammes de diffusion WAXS des poudres des complexes **A-C** (les courbes étant déplacées verticalement pour plus de clarté)

Lorsque les chromophores sont orientés dans une direction privilégiée, les diffractogrammes de diffusion WAXS détectent uniquement les plans cristallographiques parallèles à la surface de la couche mince. L'analyse des diffractogrammes de diffusion WAXS obtenus a révélé la présence de pics résultant d'une structure quasi-amorphe des complexes **A-C** étudiés (voir figure 5.6). Les différences d'amplitude des maxima d'intensités de diffusion observées sur ces complexes sont principalement liées aux variations structurelles des complexes et à la distribution des chromophores à la surface des couches minces. Les positions des deux pics d'amplitude principaux à $2\theta = 8,5°$ et $2\theta = 20°$ correspondent respectivement à des distances interplanaires $d_{hkl} = 10,5$ Å et $d_{hkl} = 4,5$ Å [**Luc08a**]. La taille moyenne des cristallites des complexes **A-C**, estimée à environ 2,5 nm, a été déterminée par la formule dite de Scherrer. Cette formule relie la largeur à mi-hauteur d'un pic de diffusion au diamètre τ d'une cristallite considérée sphérique :

$$\tau = \frac{K\lambda}{\beta \cos\theta} \tag{5.2}$$

où λ désigne la longueur d'onde des rayons X, θ l'angle de diffusion de Bragg, K une constante égale à 0,9, et β la largeur à mi-hauteur du pic de diffusion.

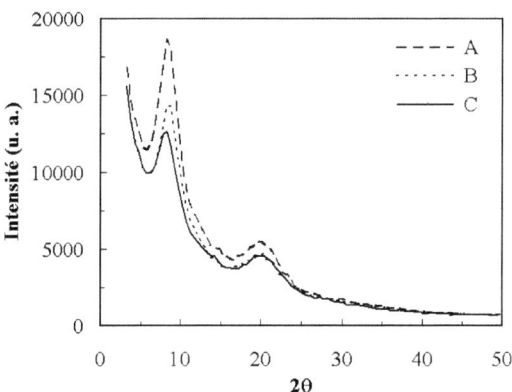

Figure 5.6 : Diffractogrammes de diffusion WAXS des couches minces des complexes **A-C** non orientées par corona poling

1.3.2. Diffusion WAXS 2D et 3D

Les différents plans cristallographiques présents dans les échantillons étudiés ont également pu être observés en 2D et en 3D. Le porte-échantillon utilisé permet de faire tourner l'échantillon à analyser dans son plan et de scanner une surface couvrant un plus grand nombre de cristallites et offrant ainsi une meilleure représentation statistique dans la détermination des valeurs des pics d'intensité de diffusion. Il est également nécessaire de faire

varier la position de l'échantillon sous le faisceau en utilisant pour cela un goniomètre à quatre cercles appelé communément *berceau d'Euler* et permettant (voir figure 5.7) :
- un balancement de l'échantillon (Ω ou θ en géométrie Bragg-Brentano),
- une inclinaison du porte-échantillon (χ ou ψ, la différence étant la référence 0),
- une rotation du porte-échantillon dans le plan φ,
- un déplacement de la position 2θ du détecteur (caméra CCD).

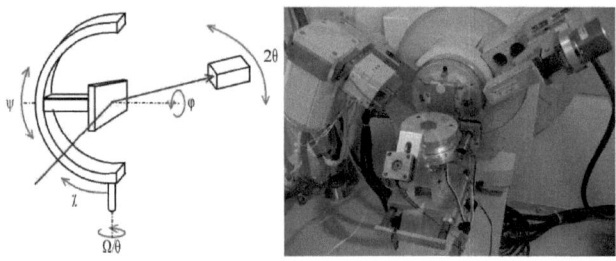

Figure 5.7 : Goniomètre à quatre cercles ou *berceau d'Euler*

Une forte anisotropie a été observée entre le plan de la couche mince q_xy et le vecteur de diffusion q_z parallèle aux orientations de la couche mince (voir figures 5.8 et 5.9). A partir des diffractogrammes de diffusion WAXS 2D ou 3D, on peut distinguer les différentes régions des maxima d'intensité. Ce type de relevés représente une sorte d'empreinte digitale du matériau étudié.

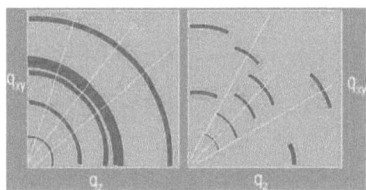

Figure 5.8 : Diffractogrammes de diffusion WAXS 2D typiques d'une couche mince non orientée (à gauche) et orientée (à droite)

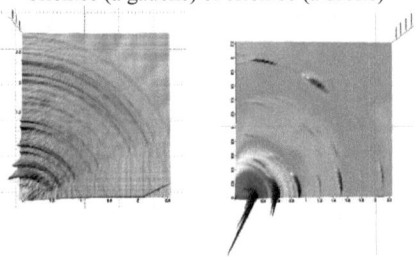

Figure 5.9 : Diffractogrammes de diffusion WAXS 3D d'une couche mince du complexe **B** non orientée (à gauche) et orientée (à droite)

1.3.3. Carte de Patterson

Dans ce paragraphe, nous allons présenté les travaux de recherche menés en collaboration avec l'équipe de recherche du Dr Jacek Niziol de l'Université des Sciences et Technologies (AGH) de Cracovie en Pologne qui a réalisé une simulation numérique de la dynamique moléculaire des complexes **A-C** et déterminé la carte dite de Patterson de ces complexes (voir figures 5.10 et 5.11). Une carte de Patterson est élaborée à partir des diffractogrammes de diffusion WAXS 2D et représente la distribution de densité électronique des complexes **A-C** étudiés. Les vecteurs de Patterson permettant de dessiner la carte sont de deux ordres (voir figure 5.10) : les vecteurs intramoléculaires liés à l'orientation de la molécule dans la maille et les vecteurs intermoléculaires liés aux orientations des molécules les unes par rapport aux autres et à leur position dans la maille.

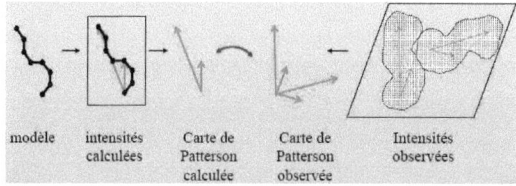

Figure 5.10 : Orientation et position des molécules dans la maille

La figure 5.11 illustre, en exemple pour le complexe **B**, le bon accord observé entre le résultat des simulations numériques de la dynamique moléculaire et la carte de Patterson réalisées sur les complexes **A-C** étudiés.

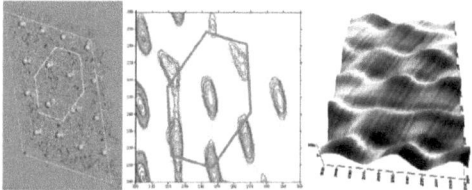

Figure 5.11 : Résultat de la simulation numérique de la dynamique moléculaire (à gauche), et carte de Patterson 2D (au milieu) et 3D (à droite) d'une couche mince du complexe **B**

1.4. Orientation des chromophores par corona poling

Suite à la découverte du poling thermique par Myers et al. en 1991 [**Mye91**] permettant d'induire des propriétés ONL du deuxième ordre au sein de verre de silice, le sujet a suscité un vif intérêt en raison de son potentiel comme procédé direct et économique de fabrication de composants optiques tels que des interrupteurs optiques, adaptables sur les réseaux de télécommunication actuels. Le procédé dit "thermique" consiste à exposer un échantillon à l'action simultanée d'une source modérée de chauffage et d'un champ électrique externe intense (de 1 à 10 kV.mm^{-1}), suivie d'un refroidissement sous champ. Il est désormais admis que, dans le cas du poling thermique, les propriétés optiques particulières découlant de ce traitement résultent de la migration d'espèces cationiques au sein du matériau. Une nouvelle distribution de charge s'établit durablement et induit un intense champ électrique interne E_I. Le couplage de ce champ interne avec la susceptibilité électrique non linéaire du troisième ordre du matériau induit une susceptibilité électrique non linéaire effective du second ordre donnée par la relation : $\chi_{eff}^{<2>} = 3 E_I \chi^{<3>}$ [**Qui03**]. Le poling thermique par *effet corona*, dit *corona poling*, est connu pour permettre l'orientation de chromophores à la surface d'une couche mince et pour améliorer les propriétés ONL du second ordre du matériau non linéaire constituant cette couche [**Mor89**]. L'effet corona, aussi appelé *effet couronne* se traduit par une décharge électrique entraînée par l'ionisation du milieu entourant un conducteur. Cette décharge se produit lorsque le potentiel électrique dépasse une valeur critique mais que les conditions ne permettent pas la formation d'un arc. Cet effet est utilisé, entre autre, dans les lampes à plasma. La technique corona poling consiste à chauffer une couche mince à une température T supérieure à la température de transition vitreuse T_g du matériau déposé à la surface de la couche mince tout en appliquant simultanément et pendant un temps t choisi, un champ électrique à l'aide d'une pointe *corona* (voir figure 5.12). L'échantillon est chauffé afin d'augmenter la mobilité des chromophores puis une forte tension est appliquée à la pointe. Le champ électrique généré sur la pointe accélère les électrons libres proches de celle-ci qui ionisent l'environnement. Les ions ainsi produits, de même signe que le champ électrique appliqué, sont redirigés vers la surface du matériau où ils créent un champ électrique interne important suivant lequel s'orientent les chromophores.

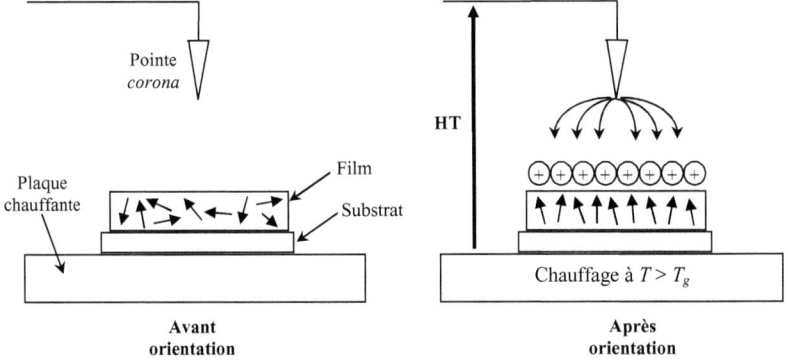

Figure 5.12 : Orientation d'une couche mince par *effet corona*

L'effet corona est très souvent employé en ONL. Par exemple, en utilisant une technique de microscopie non linéaire par absorption à deux photons en régime femtoseconde, Gindre et al. [**Gin06, Gin07a**] ont montré récemment la possibilité de stocker de l'information sur une couche mince d'un matériau polymère dopé par des composés azoïques photo-isomérisables orientés par corona poling. Une image, codée sur 8 bits, a même pu être enregistrée [**Gin07b**] en modulant l'intensité d'irradiation pour chaque pixel de l'image (zone correspondante à une surface de l'ordre de 2 μm^2). Cette modulation contrôlée de l'intensité d'irradiation permet de désorienter localement (par absorption à deux photons) les chromophores lors de leur photo-isomérisation. Cette modulation induit en fait une variation du signal d'intensité de second harmonique mesurée par une caméra CCD (*Charge Coupled Device*) en sortie de l'échantillon afin de reconstituer l'image 8 bits sur un écran d'ordinateur.

1.5. Génération de second harmonique (SHG)

Les mesures de SHG ont été réalisées à l'aide du montage expérimental décrit dans le paragraphe 1.3 du chapitre 4, avant et après orientation par corona poling à trois mois d'intervalle, afin de mettre en évidence l'efficacité à long terme du poling thermique sur les propriétés ONL du second ordre des complexes **A-E** étudiés. Plusieurs configurations de polarisation des ondes fondamentale et harmonique (*ss*, *pp*, *sp* et *ps*), à l'entrée et à la sortie du matériau, ont été testées à l'aide de deux polariseurs de Glan-Taylor. Le montage expérimental de corona poling utilisé par l'équipe de recherche du Dr Jacek Niziol de l'Université des Sciences et Technologies (AGH) de Cracovie en Pologne, a été conçu pour permettre de chauffer des matériaux jusqu'à 180 °C et de délivrer une haute tension jusqu'à 12 kV. Pour obtenir les plus fortes valeurs de $\chi_{eff}^{<2>}$ des complexes **A-E** étudiés sous forme de couches minces, les paramètres optimisés de configuration du poling thermique par effet corona (action simultanée de la température et du champ électrique) ont été réglés sur : $T = 120$ °C et $E = 7$ kV.mm^{-1} (le courant était d'environ 1 μA) pendant un temps $t = 5$ min. La pointe a été placée à 1 mm de la surface de la couche mince (pour des distances plus faibles, une dégradation de la couche mince a été observée) et la température a été vérifiée par l'intermédiaire d'un thermocouple type K préalablement étalonné.

En comparant les valeurs de $\chi_{eff}^{<2>}$ déterminées, avant orientation par corona poling, à l'aide des résultats expérimentaux (voir en exemple la figure 5.13) et du modèle de Herman et Hayden prenant en compte notamment l'absorption des matériaux aux longueurs d'onde fondamentale et de second harmonique (voir paragraphe 1.2.3 du chapitre 4), on peut en déduire que les résultats expérimentaux obtenus sont en bon accord avec ceux donnés par la théorie. Les résultats du tableau 5.3 font apparaître clairement que les fragments N,N-dybutilamine et azobenzène présents dans les complexes **A-C** induisent, avant orientation par corona poling, un grand nombre de directions d'orientation des chromophores à la surface de la couche mince, et par conséquent une diminution des valeurs de $\chi_{eff}^{<2>}$ des complexes **A-C** par rapport à celles des complexes **D** et **E**. En revanche, après orientation par corona poling, ces fragments entraînent une orientation plus uniforme des chromophores se traduisant par une augmentation des valeurs de $\chi_{eff}^{<2>}$.

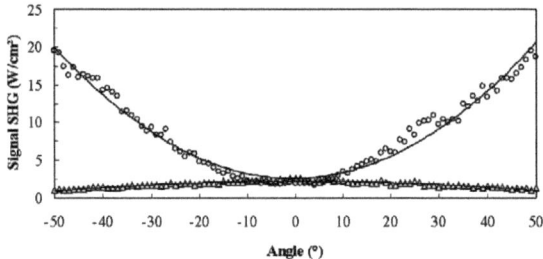

Figure 5.13 : Signal SHG en fonction de l'angle d'incidence du faisceau fondamental (exemple pour le complexe **B** avec $I_\omega = 10$ GW/cm^2) avant (Δ) et après (o) corona poling (en polarisation pp) ; —— théorie, (Δ, o) expérience

Pour les complexes **A-E**, la configuration de polarisation permettant d'atteindre les plus fortes valeurs de $\chi_{eff}^{<2>}$ est la configuration de polarisation pp. Par ailleurs, les résultats obtenus et illustrés dans le tableau 5.3 et sur la figure 5.14 indiquent que l'orientation des chromophores par corona poling induit une augmentation des propriétés ONL du second ordre des complexes **A-E** étudiés.

Complexes	Orientation par corona poling	$\chi_{eff}^{<2>}$ [pm.V^{-1}]
Quartz *y-cut* (ref.)	-	1,00
A	Avant	0,11
	Après	0,23
B	Avant	0,17
	Après	1,02
C	Avant	0,15
	Après	0,61
D	Avant	0,41
	Après	0,58
E	Avant	0,38
	Après	0,47

Tableau 5.3 : Comparaison (avant et après orientation par corona poling) des valeurs de $\chi_{eff}^{<2>}$ ($\pm$ 10%) des complexes **A-E** avec $I_\omega = 10$ GW/cm^2 (en polarisation pp)

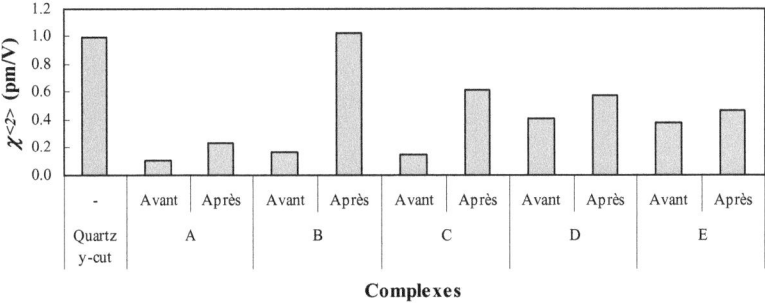

Figure 5.14 : Histogrammes des valeurs de $\chi_{\text{eff}}^{<2>}$ (± 10%) des complexes **A-E**

Les valeurs de $\chi_{\text{eff}}^{<2>}$ obtenues sur les couches minces (épaisseur de l'ordre de 300 nm) des complexes **A-E**, avant et après orientation par corona poling, ont été comparées à celle du matériau de référence, le quartz *y-cut* (épaisseur proche de 0,5 mm). Une valeur de $\chi_{\text{eff}}^{<2>} = 1{,}02$ pm.V^{-1}, légèrement supérieure à celle du quartz *y-cut*, a été atteinte pour le complexe **B** possédant un fragment benzaldéhyde (pour ce complexe, un rapport égal à 6 a été observé entre les valeurs de $\chi_{\text{eff}}^{<2>}$ avant et après orientation par corona poling). Ce fragment benzaldéhyde, présent dans les complexes **B** et **D**, induit donc, après orientation par corona poling, de plus fortes non-linéarités optiques du second ordre que le fragment thiophène carboxaldéhyde des complexes **C** et **E**, et surtout que le fragment chloré du complexe **A** qui possède les plus faibles non-linéarités optiques du deuxième ordre de cette série avant et après orientation par corona poling.

1.6. Génération de troisième harmonique (THG)

Les mesures de THG ont été réalisées à l'aide du montage expérimental décrit dans le paragraphe 2.3 du chapitre 4, afin d'étudier les propriétés ONL du troisième ordre des complexes **A-E** étudiés. Comme dans le cas des mesures de SHG, plusieurs configurations de polarisation des ondes fondamentale et harmonique ont été testées (*ss*, *pp*, *sp* et *ps*) [**Luc07**].

Afin de choisir le modèle théorique le plus approprié, nous avons comparé les trois modèles les plus couramment utilisés (voir paragraphe 2.2 du chapitre 4). En comparant les relevés expérimentaux et théoriques donnant l'intensité du signal THG en fonction de l'angle d'incidence du faisceau fondamental (voir exemple pour le complexe **B** sur la figure 5.15), on peut en déduire que les résultats expérimentaux obtenus sont en bon accord avec le modèle théorique de Kajzar et Messier. En effet, ce résultat peut être justifié par le fait que, contrairement aux deux autres modèles, le modèle de Kajzar et Messier a l'avantage de prendre en compte la contribution de l'air par rapport au vide, ainsi que les facteurs de transmission de Fresnel aux différentes interfaces du matériau non linéaire (air-film, film-substrat et substrat-air) pour les ondes fondamentale et harmonique.

Pour les complexes **A-E**, la configuration de polarisation permettant d'atteindre les plus fortes valeurs de $\chi_{elec}^{<3>}$ est la configuration de polarisation *ss*.

Les valeurs de $\chi_{elec}^{<3>}$ des complexes **A-E** ont également été comparées après avoir été calculées à partir des trois modèles théoriques étudiés dans le cadre de cette étude (voir tableau 5.4 et figure 5.16). Dans le cas présent, les résultats obtenus avec les modèles de Reintjes, et de Kubodera et Kobayashi donnent substantiellement des valeurs de $\chi_{elec}^{<3>}$ plus faibles que celles calculées par le modèle de Kajzar et Messier.

Les complexes **B** et **C**, de part leur chaîne π-conjuguée étendue, présentent de plus fortes susceptibilités électriques non linéaires du troisième ordre que les complexes **A**, et surtout **D** et **E**. La plus forte valeur a été observée pour le complexe **B** possédant un fragment benzaldéhyde : $\chi_{elec}^{<3>} = 3{,}0 \times 10^{-20}$ m^2.V^{-2} (valeur environ 150 fois supérieure à la valeur du $\chi_{elec}^{<3>}$ de la silice prise comme matériau de référence sur cette technique).

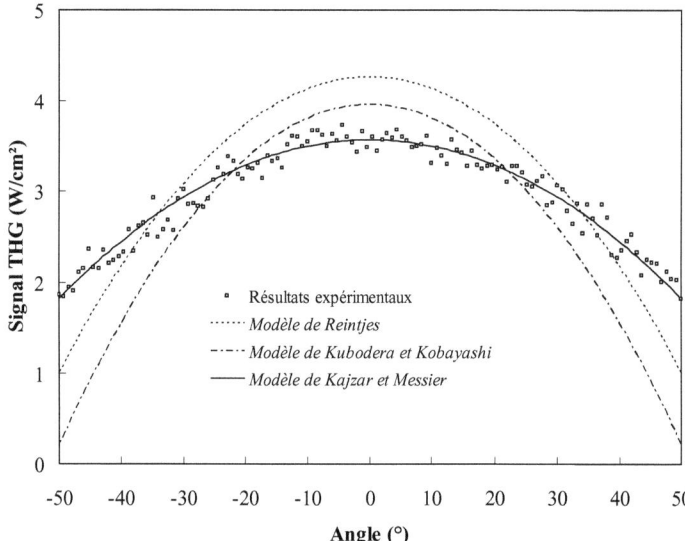

Figure 5.15 : Signal THG en fonction de l'angle d'incidence du faisceau fondamental en polarisation *ss* avec $I_\omega = 10$ GW/cm^2 (exemple pour le complexe **B**)

Complexes	$\chi_{elec}^{<3>}$ [10^{-20} m².V⁻²]	Modèles
A	0,71	
B	1,45	
C	1,11	Reintjes
D	0,54	
E	0,39	
A	0,91	
B	1,92	Kubodera
C	1,42	et
D	0,63	Kobayashi
E	0,46	
A	1,95	
B	3,01	Kajzar
C	2,72	et
D	1,08	Messier
E	0,91	
Silice (1 mm)	0,02 [**Bos00, Gub00**]	-

Tableau 5.4 : Comparaison des valeurs de $\chi_{elec}^{<3>}$ (± 10%) des complexes **A-E** avec I_ω = 10 GW/cm² (en polarisation ss)

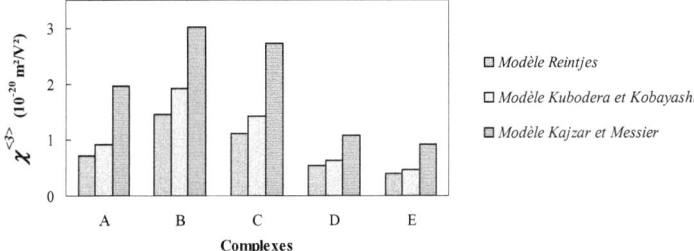

Figure 5.16 : Valeurs du $\chi_{elec}^{<3>}$ (± 10%) pour les complexes **A-E**

Des mesures de THG après orientation des chromophores par corona poling ont été réalisées et les valeurs de $\chi_{elec}^{<3>}$ calculées à l'aide du modèle de Kajzar et Messier (voir tableau 5.5), montrent que l'effet corona n'a aucune influence notable sur les propriétés ONL du troisième ordre des complexes **A-E**.

Complexes	$\chi_{elec}^{<3>}$ [10^{-20} m².V⁻²] Avant orientation par corona poling	$\chi_{elec}^{<3>}$ [10^{-20} m².V⁻²] Après orientation par corona poling
A	1,95	1,96
B	3,01	2,98
C	2,72	2,71
D	1,08	1,05
E	0,91	0,93

Tableau 5.5 : Comparaison (avant et après orientation par corona poling) des valeurs de $\chi_{elec}^{<3>}$ (± 10%) des complexes **A-E** avec I_ω = 10 GW/cm² (en polarisation ss)

1.7. Méthode Z-scan

Les mesures Z-scan ont été réalisées à l'aide du montage expérimental décrit dans le paragraphe 3.3 du chapitre 4 afin de déterminer les valeurs des contributions électroniques et moléculaires de la susceptibilité non linéaire du troisième ordre $\chi^{<3>}$ des complexes étudiés. Au vu des précédents résultats obtenus en THG sur les complexes **A-E** étudiés en couches minces, nous avons concentré nos travaux de recherche sur les complexes **A-C** possédant les plus fortes valeurs de $\chi^{<3>}_{elec}$.

Pour obtenir des résultats exploitables à partir de la méthode Z-scan utilisée, les complexes **A-C** ont été caractérisés en solution dans du dichlorométhane à l'intérieur d'une cuve optique de silice (épaisseur ≈ 1 mm) [**Luc08b**]. Les résultats expérimentaux obtenus sont répertoriés dans le tableau 5.6.

Les valeurs de $\chi^{<3>}_{elec}$ (en solution dans le dichlorométhane) ont été déterminées par la technique THG à l'aide du modèle de Kajzar et Messier dans le cas d'un milieu supposé isotrope (voir paragraphe 2.2.3.1 du chapitre 4) et en considérant quatre interfaces (air-silice-solution-silice-air). Les valeurs de $\chi^{<3>}_{mol}$ ont ensuite été déduites à l'aide de la relation 1.38 du chapitre 1. En effet, la contribution électronique du $\chi^{<3>}$ est liée à la déformation du nuage électronique et la contribution moléculaire aux mouvements de la molécule (translations, rotations, vibrations).

Complexes	M [g.mol^{-1}]	C_m [g.L^{-1}]	C_{mol} [10^{-3} mol.L^{-1}]	$\chi^{<3>}_{elec}$	$\chi^{<3>}_{mol}$	$\chi^{<3>}_R$	$\chi^{<3>}_I$	$\left|\chi^{<3>}\right|$ [10^{-20} m^2.V^{-2}]	γ [10^{-45} m^5.V^{-2}]
A0		5	4,0	0,02	0,08	0,10	0,01	0,10	0,19
A1	1265,4	10	7,9	0,13	0,07	0,19	0,05	0,20	0,03
A2		15	11,9	0,22	0,05	0,25	0,09	0,27	0,01
B0		2	1,5	0,02	0,50	0,52	0,06	0,52	0,91
B1	1359,4	2,5	1,8	0,09	0,48	0,56	0,13	0,57	0,89
B2		5	3,7	0,31	0,41	0,69	0,22	0,72	0,60
C0		5	3,7	0,01	0,05	0,06	0,01	0,06	0,26
C1	1365,4	10	7,3	0,10	0,04	0,13	0,04	0,14	0,07
C2		15	11,0	0,18	0,03	0,20	0,06	0,21	0,02
CS$_2$	76,1	-	-	0,31	1,79	2,10	0,02	2,10	6,25.10^{-4}

Tableau 5.6 : Valeurs de $\chi^{<3>}_{elec}$, $\chi^{<3>}_{mol}$, $\chi^{<3>}_R$, $\chi^{<3>}_I$, $\left|\chi^{<3>}\right|$ et γ (± 10%) pour différentes concentrations (C_m et C_{mol}) des complexes **A-C**

Dans le cas des complexes étudiés, nous avons observé que la valeur maximale du $\chi^{<3>}$ obtenue pour le complexe **B** en solution (**B2** à 5 g/L) est environ trois fois inférieure à celle du disulfure de carbone (CS_2), matériau de référence pour la méthode Z-scan. D'autre part, la valeur maximale du $\chi^{<3>}$ du complexe **B** en solution (possédant un fragment benzaldéhyde) est supérieure à celle des autres complexes **A** et **C**, ce qui confirme les résultats obtenus à l'issue des mesures de THG en couches minces.

Nous notons également une augmentation significative du $\chi^{<3>}$ avec la concentration des chromophores dans la solution, jusqu'à une valeur maximale de concentration à 5 g/L pour le complexe **B** et 15 g/L pour les complexes **A** et **C**. La viscosité des solutions étudiées augmente avec la concentration des chromophores et entraîne par conséquent une diminution de la contribution moléculaire $\chi_{mol}^{<3>}$ car, dans ce cas, les molécules sont moins libres de se déplacer car l'espace disponible entre elles diminue [**Rau08**]. En outre, la contribution électronique $\chi_{elec}^{<3>}$ augmente avec la concentration car la densité d'espèces (molécules du complexe étudié) augmente dans la solution. Enfin, les hyperpolarisabilités optiques du second ordre des solutions étudiées, déduites à partir de l'équation 1.44 du chapitre 1, sont environ 10^3 fois plus fortes que celle du CS_2.

1.8. Calculs théoriques de chimie quantique

Dans ce paragraphe, nous présentons les travaux de recherche menés en collaboration avec l'équipe de recherche du Dr Anna Migalska-Zalas du département de Physique de l'Académie J. Dlugosz de Czestochowa en Pologne qui a étudié théoriquement, à l'échelle moléculaire, la contribution des divers fragments des complexes **A-C** sur leur spectre d'absorption et sur la distribution de leur potentiel électrostatique [**Mig08a**]. Une simulation théorique de l'absorption UV-Visible a été réalisée afin d'observer l'influence de ces différents accepteurs sur le déplacement du spectre d'absorption lié à une non-centrosymétrie locale de la distribution de densité de charge d'espace (voir figure 5.17).

Modéliser une molécule consiste à préciser, à partir de calculs théoriques de chimie quantique, la position des atomes dans l'espace et l'énergie de la structure ainsi engendrée. Une représentation la plus réaliste possible correspondra à une structure dite de plus basse énergie. La méthode de mécanique moléculaire dite du champ de force moléculaire (MM2) a été utilisée pour concevoir une géométrie moléculaire optimisée tout en minimisant l'énergie totale d'excitation nécessaire. Dans le champ de force MM2, les interactions électrostatiques sont assimilées à des interactions dipolaires et l'énergie dipolaire est calculée en considérant l'ensemble des liaisons de la structure moléculaire [**Wei84, Wei86**]. En évitant de calculer les charges atomiques, cette méthode s'adapte relativement bien aux complexes organométalliques et à la description des liaisons de coordination. L'étude théorique des états excités des complexes des métaux de transition est encore loin d'être pratiquée de manière routinière malgré l'évolution des méthodes de calcul et des capacités des calculateurs [**Dan03**]. Ces composés ont une structure électronique particulière : à la couche d incomplètement remplie de l'atome de métal, s'ajoute la présence de ligands donneurs ou accepteurs d'électrons. Cette situation entraîne la quasi-dégénérescence des configurations électroniques utilisées pour représenter l'état fondamental et les états excités de ces molécules. Les calculs de chimie quantique ont par conséquent été résolus par la méthode semi-empirique ZINDO/1 (pour *Zerner's Intermediate Neglect of Differential Overlap* en anglais) adaptée aux calculs des états d'énergie dans les molécules contenant des métaux de transition $3d$ et $4d$ [**DiB96**]. Contrairement aux méthodes *ab initio*, les méthodes semi-empiriques utilisent des données ajustées sur des résultats expérimentaux afin de simplifier les calculs. Le choix du type de calcul dépend de la molécule à étudier (degré de liberté du système et précision souhaitée du calcul) et des ressources des calculateurs. La paramétrisation ZINDO/1, utilisée et réalisée à l'aide du logiciel *HyperChem 7.01*, a été construite pour reproduire les spectres d'absorption observés en spectroscopie UV-Visible classique.

La détermination de l'énergie de la molécule revient à résoudre l'équation de Schrödinger :

$$H\Psi = E\Psi \qquad (5.3)$$

où H désigne l'opérateur Hamiltonien tenant compte de toutes les interactions des particules, E l'opérateur Hamiltonien de l'énergie totale du système, et Ψ la fonction d'onde du système qui est une représentation mathématique de la dynamique du système.

H présente cinq composantes :

$$H = T_e + T_n + V_{en} + V_{ee} + V_{nn} \qquad (5.4)$$

où T_e désigne l'énergie cinétique des électrons, T_n l'énergie cinétique des noyaux, V_{en} l'énergie potentielle liée aux interactions électrons-noyaux, V_{ee} l'énergie potentielle liée aux interactions électrons-électrons, et V_{nn} l'énergie potentielle liée aux interactions noyaux-noyaux.

L'équation de Schrödinger décrit l'évolution dans le temps d'une particule massive non relativiste. Cette équation remplit ainsi le même rôle que la relation fondamentale de la dynamique en mécanique classique. C'est une équation fondamentale en physique quantique non relativiste dont la solution est applicable à de petits systèmes à un seul électron. L'application à des systèmes de grande taille nécessite de procéder à plusieurs approximations successives. L'interaction de configuration utilisée dans ce travail (*configuration interaction* en anglais CI) est une méthode post-Hartree-Fock linéaire variationnelle pour la résolution de l'équation de Schrödinger non relativiste dans l'approximation de Born-Oppenheimer (approximation des atomes fixes) pour un système à plusieurs électrons. Mathématiquement, le terme de *configuration* décrit simplement le principe de ces calculs qui permet d'exprimer les orbitales moléculaires comme des combinaisons d'orbitales atomiques. En terme de spécification de l'occupation des orbitales (par exemple $1s^22s^22p^1$...), le mot *interaction* correspond au mélange de différentes configurations électroniques.

D'après les tableaux 5.7 à 5.9, on peut observer que lorsque l'énergie d'excitation augmente, l'écart spectral entre les données théoriques et expérimentales a tendance à diminuer. Cela indique le rôle important des plus larges états excités impliqués dans la reproduction fidèle des spectres obtenus. Nous pouvons également noter que le sous-système intramoléculaire électronique des fragments accepteurs joue un rôle clé dans la différence observée sur la position des maxima d'absorption. Une autre raison du désaccord entre les résultats théoriques et expérimentaux des spectres d'absorption peut être expliquée par le fait que les calculs de chimie quantique réalisés ne prennent pas en compte l'interaction molécule-solvant. Le désaccord plus important observé sur les spectres d'absorption du complexe **A** est lié aux contributions vibrationnelles et intermoléculaires induites par l'atome de chlore.

Complexe A		Complexe B		Complexe C	
1'	2'	1'	2'	1'	2'
521	495	518	487	517	484

Tableau 5.7 : Positions des maxima d'absorption (1' ; 2') des spectres expérimentaux

Energie d'excitation [eV]	Complexe A		Complexe B		Complexe C	
	1	2	1	2	1	2
8	430	380	492	455	488	453
9	445	378	514	463	510	463
10	506	451	523	465	516	465
11	535	482	535	470	529	472

Tableau 5.8 : Positions des maxima d'absorption (1 ; 2) des spectres théoriques en fonction de l'énergie d'excitation

Energie d'excitation [eV]	Complexe A		Complexe B		Complexe C	
	1-1'	2-2'	1-1'	2-2'	1-1'	2-2'
8	91	115	26	32	29	31
9	76	117	4	24	7	21
10	15	44	5	22	1	19
11	14	13	17	17	12	12

Tableau 5.9 : Différence de position des maxima d'absorption entre les spectres simulés théoriquement et mesurés expérimentalement ((1 ; 2) : théorie et (1' ; 2') : expérience)

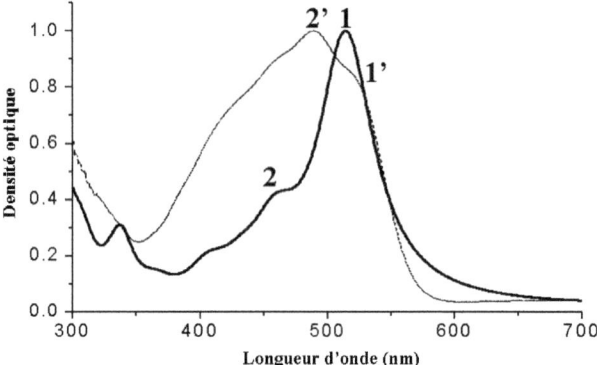

Figure 5.17 : Comparaison entre les spectres théorique et expérimental du complexe **B** : —— théorie, --- expérience (pour 9 eV)

Une étude de la distribution de la densité de charge du potentiel électrostatique des complexes **A-C** a également été proposée par Migalska-Zalas et al. [**Mig08a**]. Les profils de distribution présentés en figure 5.18 illustrent comment une petite variation des liaisons chimiques du fragment accepteur (comme c'est le cas notamment entre les complexes **B** et **C**) peut induire une variation de la distribution du potentiel électrostatique. Une plus forte délocalisation de charge est observée pour les complexes **B** et **C** possédant des doubles liaisons C=C dans leur fragment accepteur. Dans un même temps, l'atome de chlore du complexe **A** compense les gradients de densité de charge résultant de la diminution substantielle des moments dipolaires du complexe. En conclusion, les fragments accepteurs des complexes **A-C** jouent un rôle majeur dans la détermination de la non-centrosymétrie, à l'échelle moléculaire, de la densité de charge électronique de ces complexes. Cela confirme également les précédents résultats obtenus à l'échelle macroscopique (en SHG et THG) qui ont montré que ces fragments accepteurs ont une influence importante sur les propriétés ONL du deuxième et troisième ordre de ces complexes.

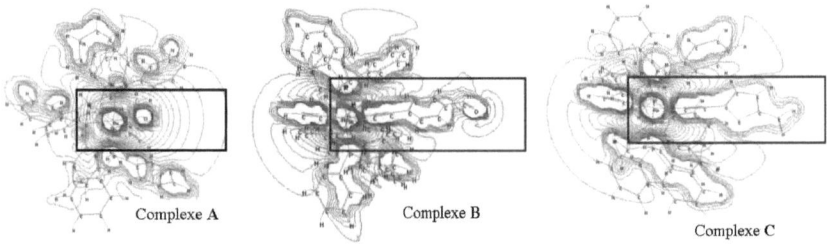

Figure 5.18 : Distribution du potentiel électrostatique des complexes **A-C**

1.9. Réseaux de surface photo-induits

Des réseaux de surface photo-induits ont été inscrits à la surface de couches minces des complexes **A-C** (épaisseur de l'ordre de 300 nm) à l'aide du montage expérimental décrit dans le paragraphe 5 du chapitre 4. L'angle entre les deux faisceaux d'écriture (issus tous deux d'un laser picoseconde Nd:YAG à 532 nm) a été fixé à $\theta \approx 60°$ pour obtenir dans ce cas un pas de réseau équivalent à la longueur d'onde des faisceaux d'écriture (soit $\Lambda = \lambda / 2\sin(\theta/2) \approx 532$ nm). Les réseaux photo-induits sont caractérisés, soit par leur efficacité de diffraction, soit par leur amplitude moyenne de modulation mesurée le plus souvent à l'aide d'un microscope à force atomique (AFM) [**Luc08c**]. Pour déterminer l'efficacité de diffraction d'un réseau de surface, on enregistre le plus souvent l'efficacité du premier ordre de diffraction (rapport entre l'intensité diffractée à l'ordre +1 du réseau créé et l'intensité du faisceau incident sur le réseau) d'un faisceau laser continu de lecture dont la longueur d'onde se situe en dehors de la bande d'absorption des complexes étudiés (dans notre cas, on a utilisé un laser continu He-Ne 30 mW à 632,8 nm polarisé verticalement).

Contrairement aux complexes **A-C**, aucun réseau de surface n'a pu être observé sur les couches minces des complexes **D** et **E**, ces derniers ne possédant pas de fragment azobenzène dans leur structure moléculaire.

Dans cette thèse, nous avons réalisé une étude en régime picoseconde de l'influence de l'intensité lumineuse et de la polarisation des faisceaux d'écriture sur la dynamique de formation de ces réseaux. Les résultats présentés sur les mesures de l'efficacité du premier ordre de diffraction des complexes **A-C** ont été comparés à ceux obtenus sur un matériau de référence. D'autre part, il a été également possible d'inscrire de manière reproductible des structures bidimensionnelles (ou réseaux 2D) sur les couches minces de ces complexes.

Enfin, il est important de préciser que les réseaux 1D et 2D photo-induits ont tous pu être totalement effacés en soumettant les couches minces à une température voisine de 120 °C.

1.9.1. Influence de l'intensité des faisceaux d'écriture

Une étude de l'influence de l'intensité des faisceaux d'écriture sur la dynamique de formation et sur l'efficacité du premier ordre de diffraction des réseaux de surface a été réalisée. Pour ces mesures, les deux faisceaux d'écriture ont été polarisés verticalement (état de polarisation *s-s*). La figure 5.19 illustre, en exemple pour le complexe **C**, les résultats des mesures effectuées pour une intensité des faisceaux d'écriture variant entre 0,1 et 10 GW/cm² (le terme *"532 on"* symbolise le début de l'irradiation par les deux faisceaux laser d'écriture à 532 nm).

Au-delà de 10,5 GW/cm² (*seuil de dommage* des complexes), un photo-blanchiment voire un trou (ablation totale) a été observé traduisant une destruction locale du matériau principalement liée aux effets thermiques induits dans ce cas par la forte intensité des faisceaux d'écriture. En dessous de ce seuil de dommage, on observe que lorsque l'intensité des faisceaux d'écriture augmente, l'efficacité du premier ordre de diffraction augmente plus rapidement jusqu'à atteindre des valeurs de 8,5%, 10,2% et 12,7% respectivement pour les complexes **A**, **B** et **C** (voir figure 5.19 et tableau 5.10).

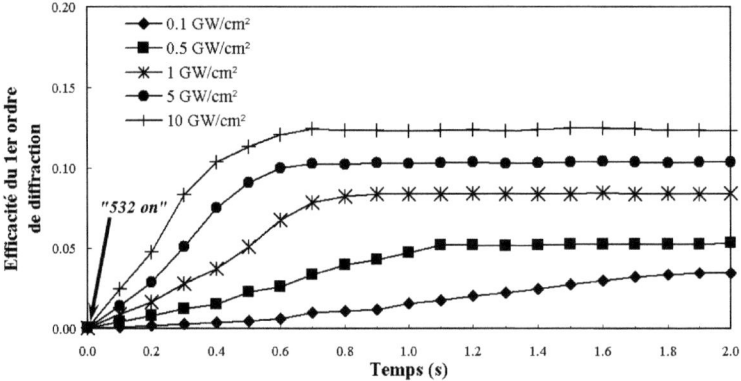

Figure 5.19 : Efficacité du premier ordre de diffraction en fonction du temps d'irradiation (complexe **C**) pour différentes intensités des faisceaux d'écriture (en polarisation *s-s*)

1.9.2. Influence de la polarisation des faisceaux d'écriture

Lagugné-Labarthet et al. [**Lag98**] ont démontré que l'orientation moléculaire locale dans les réseaux de surface dépend de la polarisation des faisceaux incidents. Notre étude a permis de confirmer ces résultats en mettant en évidence l'influence de la polarisation des faisceaux d'écriture (à 10 GW/cm²) sur l'efficacité de diffraction des réseaux de surface. Les tableaux 5.10 et 5.11, et les figures 5.20 à 5.22 illustrent les résultats de mesures effectuées pour des états de polarisation *s-s*, *p-p* et *s-p*. Les plus fortes efficacité de diffraction (12,7%) et amplitude de modulation (100 nm) ont été observées pour le complexe **C** en régime de polarisation *s-s*. La figure 5.20 montre que le complexe **C**, pourvu d'un fragment thiophène carboxaldéhyde, possède une réponse plus rapide que les complexes **A** et **B**. Pour chacun des complexes **A-C** étudiés et d'après les figures 5.21 et 5.22, on observe que l'efficacité de diffraction (mesurée en temps réel à l'aide de photodiodes) et l'amplitude moyenne de modulation (mesurée en temps différé par microscopie AFM) suivent sensiblement la même évolution en fonction du temps d'irradiation.

État de polarisation	Efficacité maximale de diffraction η_{+1} [%] (à ± 0,1%)		
	Complexe A	Complexe B	Complexe C
s-s	8,5	10,2	12,7
p-p	5,6	8,5	10,9
s-p	1,3	2,8	4,0

Tableau 5.10 : Valeurs des efficacités du premier ordre de diffraction pour différents états de polarisation des faisceaux d'écriture (à 10 GW/cm²) pour les complexes **A-C** (réseaux 1D)

État de polarisation	Amplitude moyenne de modulation [nm] (à ± 5 nm)		
	Complexe A	Complexe B	Complexe C
s-s	70	70	100
p-p	40	70	90
s-p	10	20	30

Tableau 5.11 : Valeurs des amplitudes moyennes de modulation pour différents états de polarisation des faisceaux d'écriture (à 10 GW/cm²) pour les complexes **A-C** (réseaux 1D)

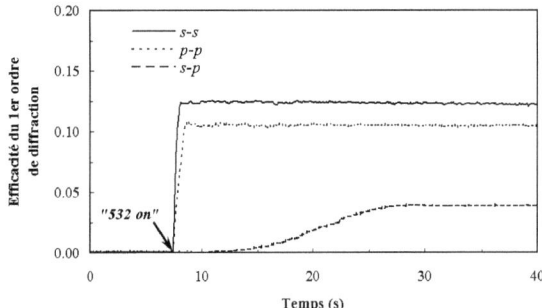

Figure 5.20 : Efficacité du premier ordre de diffraction en fonction du temps d'irradiation (complexe **C**) pour différents états de polarisation des faisceaux d'écriture (à 10 GW/cm²)

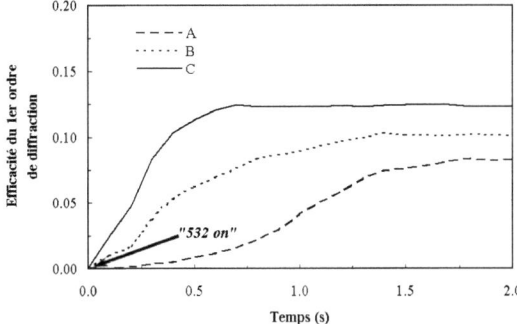

Figure 5.21 : Efficacité du premier ordre de diffraction en fonction du temps d'irradiation (complexes **A-C**) à 10 GW/cm² (en polarisation s-s)

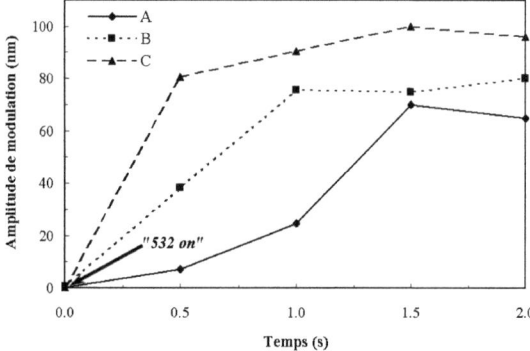

Figure 5.22 : Amplitude de modulation en fonction du temps d'irradiation (complexes **A-C**) à 10 GW/cm² (en polarisation s-s)

Les images 2D et 3D des réseaux de surface photo-induits réalisées par microscopie AFM (voir figure 5.23) et traitées à l'aide du logiciel *Nanotec WSxM4.0 Develop 8.6* permettent de déterminer les directions principales d'orientation des réseaux dans le repère du laboratoire. On peut ainsi en déduire que les réseaux de surface ont été inscrits perpendiculairement à la direction de polarisation des faisceaux d'écriture. La différence des résultats obtenus entre les états de polarisation s-s et p-p est liée à l'orientation préférentielle des chromophores dans la direction perpendiculaire au substrat. D'autre part, dans l'état de polarisation s-p, c'est-à-dire sans modulation de l'intensité de la lumière, les vecteurs champs électriques des ondes pompes sont dirigés de manière à freiner les mouvements moléculaires à l'origine de la formation des réseaux. A l'aide du logiciel de traitement d'images AFM, on peut également obtenir la section transverse de ce type de réseaux (voir figure 5.24) permettant de quantifier plus finement les amplitudes de modulation et le pas des réseaux (ici $\Lambda \approx 532$ nm).

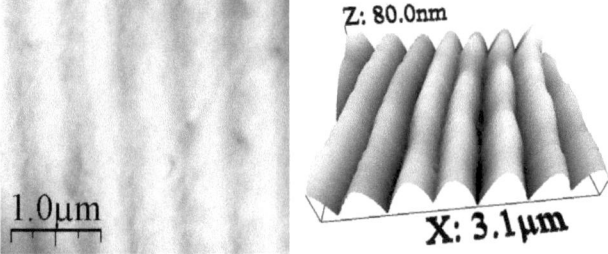

Figure 5.23 : Images AFM 2D (à gauche) et 3D (à droite) d'un réseau de surface photo-induit (complexe **B**) à 10 GW/cm² (en polarisation s-s)

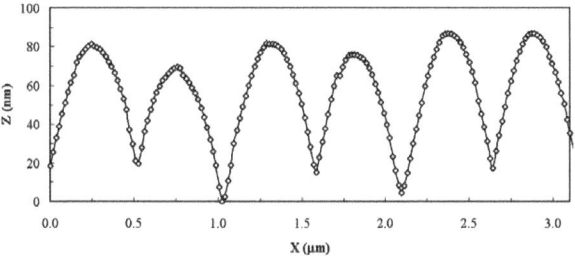

Figure 5.24 : Profil de la section transverse d'un réseau de surface (complexe **B**) à 10 GW/cm^2 (en polarisation *s-s*)

Plusieurs images AFM, réalisées sur une période de six mois sur les réseaux inscrits et conservés à température et lumière ambiantes, ont mis en évidence la faible diminution de l'amplitude moyenne de modulation (inférieure à 2%) et illustrent ainsi la très bonne stabilité de ces réseaux. Par ailleurs, la réponse en créneaux des complexes **A-C** aux impulsions laser illustre l'*effet mémoire* existant et lié à la stabilité des molécules apportée par leur fragment ruthénium-acétylure (voir figure 5.25 représentant en exemple la réponse du complexe **C**). En effet, après chaque impulsion laser, aucune décroissance du signal de l'efficacité du premier ordre de diffraction n'est constatée comme c'est souvent le cas pour d'autres matériaux (comme par exemple l'ADN modifiée [**Cza07**]). A chaque nouvelle impulsion laser, les molécules sont figées dans une nouvelle position tout en s'agglutinant dans les zones de faibles intensités (bosses du réseau) jusqu'à atteindre une position totalement statique (saturation de l'efficacité du premier ordre de diffraction et de l'amplitude de modulation des réseaux) en un temps égal à nt_{imp} où n désigne le nombre d'impulsions laser et t_{imp} le temps entre deux impulsions.

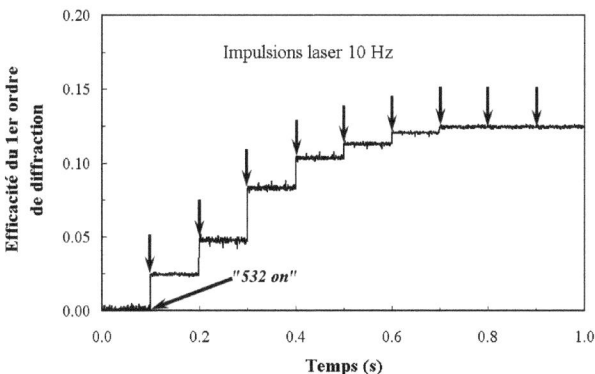

Figure 5.25 : Réponse en créneaux de l'inscription d'un réseau de surface photo-induit (complexe **C**) à 10 GW/cm^2 (en polarisation *s-s*)

Le tableau 5.12 présente les résultats obtenus concernant les temps d'inscription des réseaux de surface pour les complexes **A-C** pour différents états de polarisation des faisceaux d'écriture et pour t_{imp} = 100 ms (fréquence de répétition des impulsions laser : 10 Hz). Le plus faible temps d'inscription des réseaux (0,7 s) a été observé pour le complexe **C** en régime de polarisation *s-s*.

Etat de polarisation	Temps d'inscription [s] (à ± 0,1 s)		
	Complexe A	Complexe B	Complexe C
s-s	1,8	1,4	0,7
p-p	3,0	2,4	1,3
s-p	46,9	35,8	19,4

Tableau 5.12 : Valeurs des temps d'inscription des réseaux pour différents états de polarisation des faisceaux d'écriture (à 10 GW/cm²) pour les complexes **A-C**

1.9.3. Comparaison avec un matériau de référence

La dynamique de formation des réseaux de surface inscrits sur les couches minces des complexes **A-C** a également été comparée à celle d'un matériau de référence très utilisé pour l'étude de la dynamique des réseaux de surface photo-induits : il s'agit du Disperse Red One (ou **DR1**) ou [4-(N-(2-hydroxyethyl)-n-ethyl)-amino-4'-nitroazobenzène] dont la structure chimique est illustrée sur la figure 5.26. Afin de le rendre filmogène, ce chromophore a servi de dopant à une matrice polymère de polyméthacrylate de méthyle (PMMA) qui est un polymère transparent dans le visible et le proche UV (jusqu'à 250 nm) et dont la structure chimique est donnée sur la figure 5.26. Afin d'observer le rôle joué par la matrice de PMMA sur la dynamique de formation de ces réseaux, nous avons également insérés les complexes **A-C** dans une matrice de PMMA. Les différents chromophores et le PMMA ont été dissous dans du trichloroéthane. Les solutions résultantes ont été filtrées avant d'être déposées par spin-coating sur des substrats de verre de type BK7 (épaisseur 1 mm). Les couches minces homogènes ainsi obtenues et désignées par **PMMA-A**, **PMMA-B**, **PMMA-C** (épaisseur de l'ordre de 300 nm) et **PMMA-DR1** (épaisseur de l'ordre de 1400 nm) ont été fonctionnalisées avec un taux de dopage en masse communément employé de 30% [**Bel06, Fio00, Tou99**].

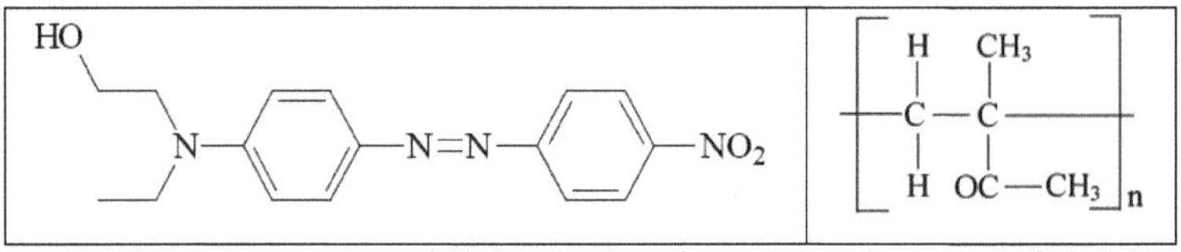

Figure 5.26 : Structures chimiques du **DR1** (à gauche) et du **PMMA** (à droite)

Les spectres d'absorption des couches minces de ces composés sont représentés sur la figure 5.27, la longueur d'onde maximale d'absorption de ces composés se situant autour de 490 nm.

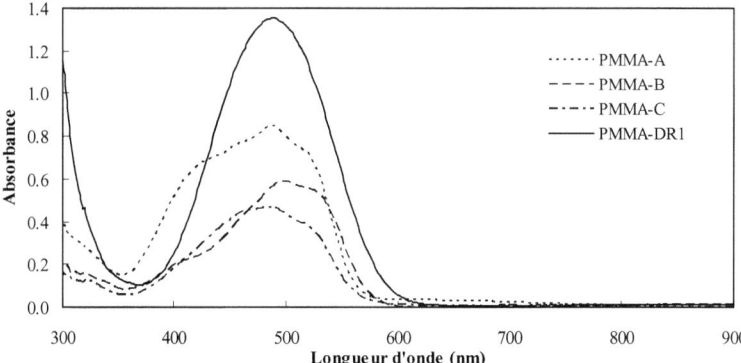

Figure 5.27 : Spectres d'absorption UV-VIS des composés sous forme de couches minces
PMMA-A\B\C\DR1

Des réseaux de surface ont été réalisés sur des couches minces de ces composés dans les mêmes conditions expérimentales que celles des réseaux obtenus sur les complexes **A-C**. Les tableaux 5.13 à 5.15 ainsi que la figure 5.28 illustrent les résultats de mesures effectuées pour les états de polarisation s-s, p-p et s-p des faisceaux d'écriture. La plus forte efficacité du premier ordre de diffraction (8,5%) a été obtenue pour le composé **PMMA-C** en régime de polarisation s-s (contre 2,1% pour le composé **PMMA-DR1**). D'autre part, le plus faible temps d'inscription des réseaux (0,8 s) a été obtenu pour le composé **PMMA-C** en régime de polarisation s-s (contre 3,2 s pour le composé **PMMA-DR1**).

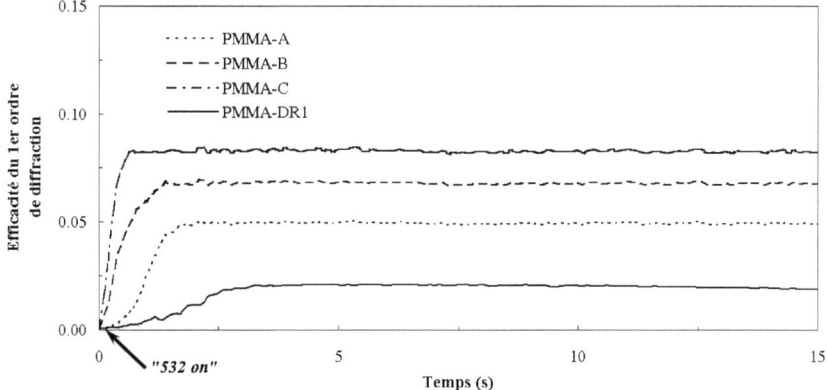

Figure 5.28 : Efficacité du premier ordre de diffraction en fonction du temps d'irradiation
(composés **PMMA-A\B\C\DR1**) à 10 GW/cm^2 (en polarisation s-s)

Etant donné les interactions moléculaires matrice-dopant mises en jeu dans le processus d'inscription des réseaux de surface photo-induits, il apparaît relativement difficile d'établir un modèle de comparaison entre les résultats obtenus pour le **DR1** seul avec ceux obtenus pour les complexes **A-C**. En revanche, au regard des résultats présentés dans les tableaux 5.10 à 5.15, on peut tout de même établir que la matrice de PMMA induit d'une manière générale, pour les composés **PMMA-A\B\C** par rapport aux complexes **A-C**, une diminution de l'efficacité du premier ordre de diffraction, de l'amplitude moyenne de modulation ainsi qu'une augmentation du temps d'inscription des réseaux de surface. Cette observation est d'autant plus marquée pour l'état de polarisation s-p des faisceaux d'écriture et pour le composé **PMMA-A** ne possédant qu'un atome de chlore comme fragment accepteur.

Etat de polarisation	Efficacité maximale de diffraction η_{+1} [%] (à ± 0,1%)			
	PMMA-A	PMMA-B	PMMA-C	PMMA-DR1
s-s	5,1	6,9	8,5	2,1
p-p	2,7	5,5	6,8	1,3
s-p	/	1,4	2,2	/

Tableau 5.13 : Valeurs des efficacités du premier ordre de diffraction pour différents états de polarisation des faisceaux d'écriture (à 10 GW/cm²) pour les composés **PMMA-A\B\C\DR1**

Etat de polarisation	Amplitude moyenne de modulation [nm] (à ± 5 nm)			
	PMMA-A	PMMA-B	PMMA-C	PMMA-DR1
s-s	40	50	70	20
p-p	20	40	60	10
s-p	/	10	20	/

Tableau 5.14 : Valeurs des amplitudes moyennes de modulation pour différents états de polarisation des faisceaux d'écriture (à 10 GW/cm²) pour les composés **PMMA-A\B\C\DR1**

Etat de polarisation	Temps d'inscription [s] (à ± 0,1 s)			
	PMMA-A	PMMA-B	PMMA-C	PMMA-DR1
s-s	2,0	1,5	0,8	3,2
p-p	3,5	2,9	1,3	5,2
s-p	/	36,5	22,6	/

Tableau 5.15 : Valeurs des temps d'inscription des réseaux pour différents états de polarisation des faisceaux d'écriture (à 10 GW/cm²) pour les composés **PMMA-A\B\C\DR1**

1.9.4. Inscription de réseaux bidimensionnels

Dans cette étude, il a également été possible d'inscrire de manière reproductible des structures bidimensionnelles ou réseaux de surface 2D (voir figure 5.29). Pour obtenir un réseau 2D, chaque couche mince est tournée de 90° entre deux inscriptions réalisées dans les mêmes conditions expérimentales que celles d'un réseau 1D [**Bar96, Chu05, He03, Kim06, Nak08, Vis99**]. Pour les complexes **A-C**, les deux réseaux 1D inscrits séparément se « superposent » (interférences constructives et destructives) pour donner des réseaux 2D dont le profil transverse est sinusoïdal avec un pas de réseau égal au double de celui des réseaux 1D (soit $\Lambda_{2D} = 2\Lambda_{1D} \approx 1064$ nm).

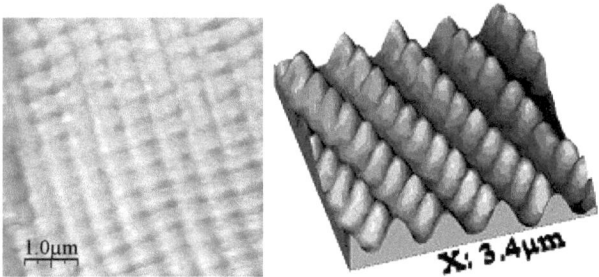

Figure 5.29 : Images AFM 2D (à gauche) et 3D (à droite) d'un réseau de surface bidimensionnel (à 10 GW/cm^2) pour le complexe **B** (en polarisation s-s)

D'autre part, d'après les résultats obtenus et présentés sur les tableaux 5.16 et 5.17, on peut observer que la géométrie 3D de ces structures bidimensionnelles photo-induites induisent une efficacité maximale du premier ordre de diffraction et une amplitude moyenne de modulation environ 60% plus faibles que celles des réseaux 1D.

Dans le cas des réseaux 2D, la migration de matière s'effectue également des zones de fortes intensités vers les zones de plus faibles intensités et la formation de ce type de structures est liée à l'auto-organisation photo-induite des chromophores azoïques des complexes **A-C** [**Bar96, Vis99**].

Etat de polarisation	Efficacité maximale de diffraction η_{+1} [%] (à ± 0,1%)		
	Complexe A	Complexe B	Complexe C
s-s	5,0	6,3	7,5
p-p	3,5	4,9	6,3
s-p	0,8	1,7	2,4

Tableau 5.16 : Valeurs des efficacités du premier ordre de diffraction pour différents états de polarisation des faisceaux d'écriture (à 10 GW/cm^2) pour les complexes **A-C** (réseaux 2D)

État de polarisation	Amplitude moyenne de modulation [nm] (à ± 5 nm)		
	Complexe A	Complexe B	Complexe C
s-s	40	50	60
p-p	20	40	50
s-p	/	/	20

Tableau 5.17 : Valeurs des amplitudes moyennes de modulation pour différents états de polarisation des faisceaux d'écriture (à 10 GW/cm²) pour les complexes **A-C** (réseaux 2D)

2. Complexes organométalliques F-I'

2.1. Spectroscopie d'absorption UV-Visible

Les spectres d'absorption UV-VIS des complexes étudiés présentent plusieurs bandes d'absorption (voir figure 5.30 : complexe **G** en exemple). Les différentes données mesurées sont reportées dans le tableau 5.18.

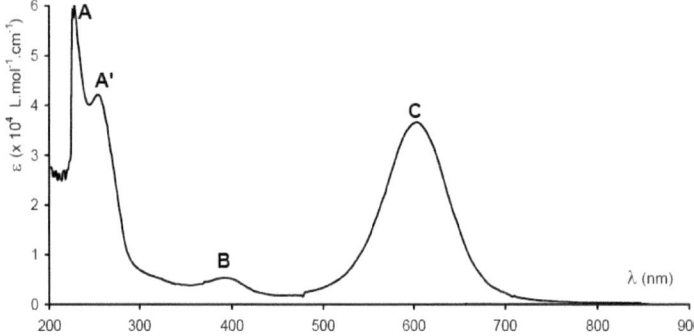

Figure 5.30 : Spectre d'absorption UV-VIS typique des complexes **F-I'** (en solution dans le dichlorométhane avec une concentration de 10^{-5} mol.L^{-1})

Chacune des bandes de ce spectre peut être attribuée à une ou plusieurs transitions électroniques particulières au sein des complexes. Les bandes **A** et **A'**, situées dans le domaine du proche ultraviolet haut en énergie, ont peu d'incidence sur la couleur des complexes. Elles sont attribuées à des transitions électroniques au sein des fragments phényles des diphosphines (dppe). La bande **B**, de plus faible coefficient d'absorption molaire, est attribuée à une transition du transfert de charge intraligand de l'acétylure $\pi \to \pi^*$ (C≡C-Aromatique) perturbée par le métal. Enfin, la bande **C**, située à basse énergie, est attribuée à une transition $d_\pi(Ru) \to \pi^*$ (C≡C-Aromatique) liée au transfert de charge métal-ligand (MLCT).

Complexes	Bande A			Bande A'			Bande B			Bande C		
	λ_A	$\overline{\nu}_A$	ε_A	$\lambda_{A'}$	$\overline{\nu}_{A'}$	$\varepsilon_{A'}$	λ_B	$\overline{\nu}_B$	ε_B	λ_C	$\overline{\nu}_C$	ε_C
F	227	44050	84	254	39370	60	375	26670	12	588	17000	43
F'	228	43860	78	253	39530	63	363	27550	14	571	17510	48
G	227	44050	62	256	39060	42	397	25190	6	606	16500	36
G'	227	44050	67	255	39220	52	390	25640	9	593	16860	60
H	228	43860	62	252	39680	44	438	22830	11	681	14680	38
H'	228	43860	60	253	39530	43	429	23310	13	655	15270	35
I'	227	44050	65	252	39680	51	442	22620	16	672	14880	38

Tableau 5.18 : Longueurs d'onde λ (nm), nombres d'onde ν (cm^{-1}) et coefficients d'absorption molaire ε ($\times 10^4$ L.mol^{-1}.cm^{-1}) des différentes bandes des spectres d'absorption

2.2. Voltampérométrie cyclique

Le potentiel d'oxydation Ru^{II}/Ru^{III} dépend de la densité électronique du métal qui est elle-même fonction des apports électroniques des divers ligands (voir voltamogramme sur la figure 5.31). Une comparaison des potentiels d'oxydation des complexes étudiés permet d'évaluer l'incidence de l'accepteur (R=H ou Me) et du transmetteur π-conjugué sur la richesse électronique du métal et ainsi sur la délocalisation électronique intramoléculaire.

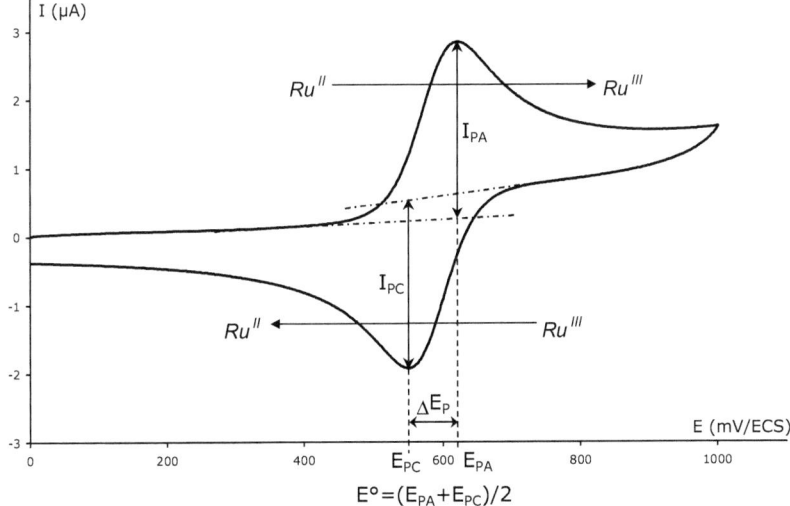

Figure 5.31 : Voltamogramme obtenu pour l'oxydation Ru^{II}/Ru^{III} dans le complexe **G**

Pour la série des complexes **F-I'**, les valeurs des potentiels d'oxydation, du gap optique et des niveaux d'énergie HOMO et LUMO (voir paragraphe 3 du chapitre 3) sont présentées dans le tableau 5.19.

Complexes	E_{ox} [V]	HOMO [eV]	Gap optique [eV]	LUMO [eV]
F	0,56	-4,96	1,89	-3,07
F'	0,53	-4,93	1,93	-3,00
G	0,62	-5,02	1,90	-3,12
G'	0,59	-4,99	1,94	-3,05
H	0,43	-4,83	1,65	-3,18
H'	0,39	-4,79	1,70	-3,09
I'	0,36	-4,76	1,63	-3,13

Tableau 5.19 : Niveaux d'énergie des orbitales moléculaires des complexes étudiés **F-I'**

La figure 5.32 illustre que le potentiel d'oxydation Ru^{II}/Ru^{III} de ces complexes diminue car le squelette vinylthiophène apporte une meilleure planéité à la molécule et un allongement du transmetteur π-conjugué induisant une forme oxydée de plus en plus stable. Quelque soit l'accepteur considéré (R=H ou R=Me), on observe la même tendance sur la série de transmetteurs étudiés, l'évolution étant particulièrement importante lors du passage du transmetteur thiophène au transmetteur bithiophène.

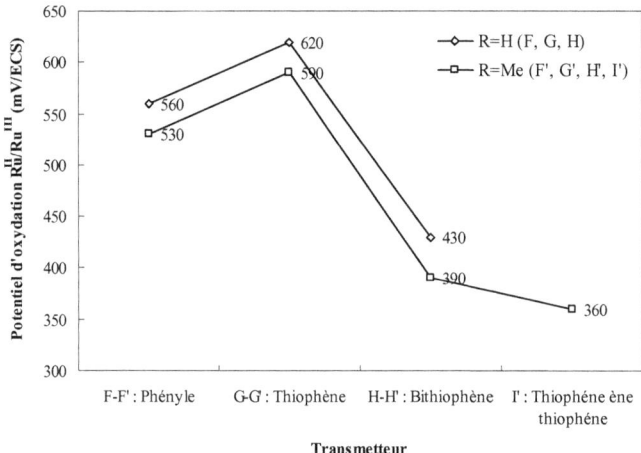

Figure 5.32 : Variations des potentiels d'oxydation en fonction du transmetteur et de l'accepteur

Le transmetteur donnant la plus faible valeur du potentiel d'oxydation est le groupement thiophène-ène-thiophène (complexe **I'** avec R=Me). La planéité et la longueur de la chaîne de conjugaison du transmetteur de ce complexe permet, d'une part, de diminuer l'incidence du groupement électroattracteur sur la richesse électronique du métal, et d'autre part, de stabiliser la charge de la forme oxydée grâce à une meilleure délocalisation des charges. Par ailleurs, pour chaque transmetteur, excepté celui du complexe **I'**, nous pouvons comparer les valeurs obtenues en fonction du motif accepteur utilisé. Les complexes comportant le motif barbiturique (complexes **F-H**, R=H) présentent un potentiel d'oxydation plus élevé que leurs homologues méthylés (complexes **F'-H'**, R=Me). Le transfert électronique intramoléculaire métal-acétylure est en effet plus fort pour un accepteur méthylène-barbiturique que pour un accepteur méthylène-diméthyl-barbiturique, ce dernier étant moins électroattracteur.

2.3. Génération de second harmonique (SHG)

Les mesures de SHG ont été réalisées à l'aide du montage expérimental décrit dans le paragraphe 1.3 du chapitre 4 afin d'étudier (sans orienter préalablement les chromophores), les propriétés ONL du second ordre des complexes **F-I'** incorporés dans des matrices de PMMA (voir figure 5.33). La préparation de ces échantillons a été réalisée par le Dr Stanislaw Tkaczyk du département de Physique de l'Académie J. Dlugosz de Czestochowa en Pologne. Le mélange PMMA-chromophores a été préparé dans le tétrahydrofurane (THF) avec une concentration de 100 g/L et un taux de dopage en masse des chromophores dans les matrices de PMMA de 0.5%. Plusieurs configurations de polarisation des ondes fondamentale et harmonique (*ss*, *pp*, *sp* et *ps*), à l'entrée et à la sortie du matériau, ont été testées.

En comparant les valeurs de $\chi_{eff}^{<2>}$ pour les complexes **F-I'** obtenues sans orientation préalable des chromophores, on peut en déduire que les résultats expérimentaux obtenus sont en bon accord avec le modèle théorique de Herman et Hayden (voir détail du modèle au paragraphe 1.2.3 du chapitre 4). Ces résultats font apparaître clairement que ces composés sont macroscopiquement non-centrosymétriques et que les transmetteurs thiophène et surtout bithiophène respectivement des complexes **G** et **H** jouent un rôle prépondérant sur les effets ONL du second ordre observés. En effet, la présence de ces deux transmetteurs induit une augmentation des valeurs de $\chi_{eff}^{<2>}$ des complexes **G**, **G'**, **H** et **H'** par rapport à celles des complexes **F**, **F'** et **I'** (voir tableau 5.20 et figure 5.34). Cette influence du transmetteur bithiophène sur les propriétés ONL du second ordre a également été observée par Migalska-Zalas et al. sur une autre famille de complexes organométalliques à base de ruthénium incorporés dans des matrices de PMMA dont les valeurs de $\chi_{eff}^{<2>}$ ont été déterminées en utilisant les techniques de génération de second harmonique induite par poling optique ou PISHG (pour *Photo-Induced Second Harmonic Generation* en anglais) [**Mig04**], et induite acoustiquement ou AISHG (pour *Acoustically Induced Second Harmonic Generation* en anglais) [**Mig05**]. Le fragment accepteur méthylène-barbiturique, présent dans les complexes

F, G et **H**, joue également un rôle important sur les propriétés ONL du second ordre des matériaux, comparativement au fragment accepteur méthylène-diméthyl-barbiturique (complexes **F', G'** et **H'**), principalement en raison de la différence de leur longueur de chaîne π-conjuguée.

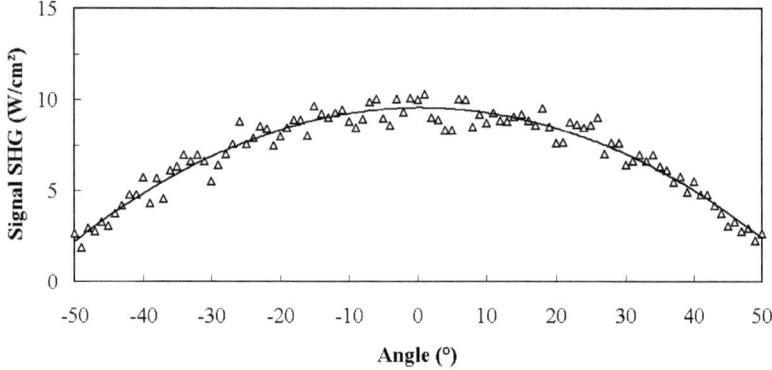

Figure 5.33 : Signal SHG en fonction de l'angle d'incidence du faisceau fondamental (exemple pour le complexe **H** avec $I_\omega = 10 \text{ GW/cm}^2$) en polarisation pp ; ⎯ théorie, (Δ) expérience

Pour les complexes **F-I'**, la configuration de polarisation permettant d'atteindre les plus fortes valeurs de $\chi_{eff}^{<2>}$ est la configuration de polarisation pp. Les valeurs de $\chi_{eff}^{<2>}$ obtenues sur les complexes **F-I'** incorporés dans des matrices de PMMA (épaisseur proche de 1 μm) ont été comparées à celle du matériau de référence : le quartz y-cut (épaisseur proche de 0,5 mm). Une valeur $\chi_{eff}^{<2>} = 0,54 \text{ pm.V}^{-1}$, équivalente à environ la moitié de celle du quartz y-cut, a été atteinte pour le complexe **H** possédant un transmetteur bithiophène π-conjugué et un accepteur méthylène-barbiturique.

Complexes	$\chi_{eff}^{<2>}$ [pm.V^{-1}]
Quartz y-cut (ref.)	1,00
F	0,23
F'	0,18
G	0,36
G'	0,29
H	0,54
H'	0,43
I'	0,25

Tableau 5.20 : Comparaison des valeurs de $\chi_{eff}^{<2>}$ (± 10%) des complexes **F-I'** avec $I_\omega = 10$ GW/cm^2 (en polarisation pp)

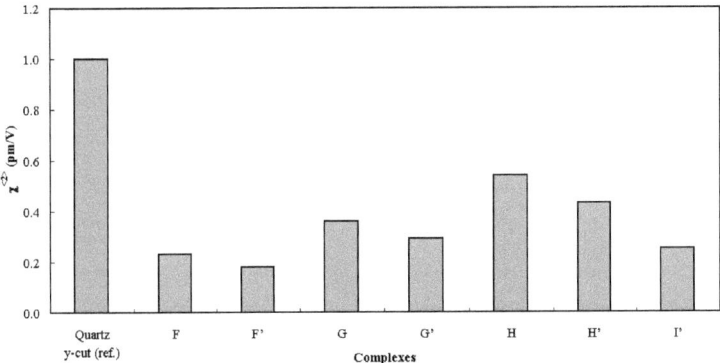

Figure 5.34 : Histogrammes des valeurs de $\chi_{eff}^{<2>}$ ($\pm$ 10%) des complexes **F-I'**

2.4. Mélange quatre ondes dégénéré (DFWM)

L'étude des propriétés ONL du troisième ordre des complexes **F-I'** (en solution dans du dichlorométhane) a été réalisée à l'aide du mélange quatre ondes dégénéré (DFWM) dont le montage expérimental est décrit dans le paragraphe 4.3 du chapitre 4.

Pour les complexes étudiés en solution à 532 nm (longueur d'onde du laser utilisé), une augmentation de la concentration conduit le plus souvent à une augmentation de l'absorption. Nous avons donc dû étudier le rendement R du mélange quatre ondes dégénéré en fonction de la concentration des chromophores dans le dichlorométhane pour trouver la valeur de la concentration dite optimale C_{opt} (en g.L^{-1}) pour laquelle les non-linéarités sont maximales. La figure 5.35 illustre un exemple typique de ces résultats pour le complexe **F** (avec $I^{<1>} = 1,0$ GW/cm^2).

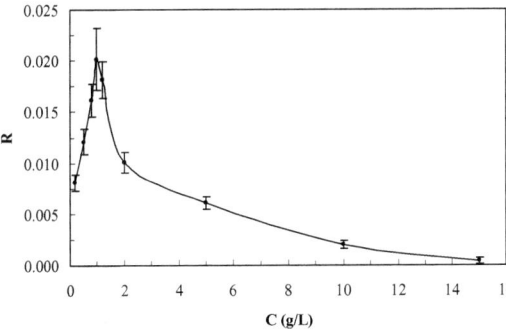

Figure 5.35 : Rendement DFWM R (en polarisation verticale *xxxx*) en fonction de la concentration pour le complexe **F**

Les complexes absorbants à la longueur d'onde de travail réagissent suivant la même tendance : l'intensité de la quatrième onde $I^{<4>}$ augmente jusqu'à atteindre la concentration $C_{opt} = 1$ g.L^{-1} puis diminue fortement au-dessus de cette valeur. Ce phénomène est causé par la compétition menée entre le mélange non linéaire des faisceaux en interaction et l'augmentation de l'absorption avec la concentration. Pour chaque complexe étudié, les valeurs de la concentration molaire optimale (C_{opt} en mol.L^{-1}) et du coefficient d'absorption linéaire (α en cm^{-1}) à C_{opt} ont été déduits à partir des mesures de transmission dans la gamme d'intensité utilisée (de 0 à 1,2 GW.cm^{-2}), et sont présentés dans le tableau 5.21. Pour les complexes **F-I'**, nous avons mesuré le rendement R à C_{opt} en fonction de l'intensité de l'onde pompe <1> pour différentes polarisations (R_{xxxx}, R_{xxyy}, R_{yxyx} et R_{yxxy}) des faisceaux incidents [**Luc08d**]. La figure 5.36 illustre, pour le complexe **H**, les résultats obtenus pour le rendement du mélange quatre ondes dégénéré en fonction de l'intensité $I^{<1>}$.

Complexes	M [g.mol^{-1}]	$C_{opt} \times 10^4$ [mol.L^{-1}]	λ_{max} [nm]	T	α [cm^{-1}]
F	1172,6	8,5	588	0,07	26,7
F'	1200,6	8,3	571	0,02	41,2
G	1178,6	8,5	606	0,11	22,0
G'	1206,6	8,3	593	0,03	36,6
H	1260,7	7,9	681	0,73	3,1
H'	1288,8	7,8	655	0,66	4,2
I'	1464,9	6,8	672	0,69	3,7
CS$_2$ (ref.)	76,1	-	-	~1	~0
CH$_2$Cl$_2$	84,9	-	-	~1	~0

Tableau 5.21 : Les paramètres M, C_{opt}, λ_{max}, T et α représentent respectivement la masse molaire, la concentration molaire optimale, la longueur d'onde à l'absorption maximale, les coefficients de transmission et d'absorption linéaire à C_{opt}.

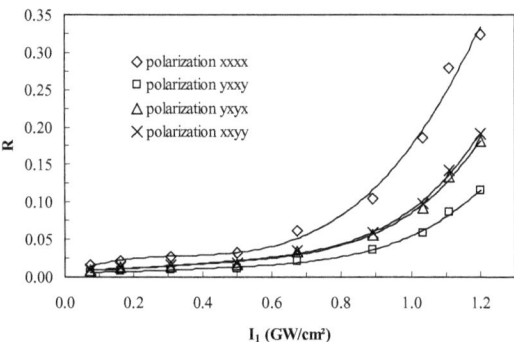

Figure 5.36 : Rendement DFWM R à C_{opt} en fonction de l'intensité $I^{<1>}$ pour le complexe **H** (et pour différentes polarisations des faisceaux incidents)

Nous observons un bon accord entre les résultats expérimentaux et théoriques. L'ajustement de la courbe théorique aux données expérimentales nous permet d'estimer les valeurs de la susceptibilité électrique non linéaire du troisième ordre $\chi^{<3>}$ pour les complexes étudiés. Les résultats sont collectés dans le tableau 5.22. La figure 5.37 illustre le rendement DFWM en fonction de l'intensité $I^{<1>}$ de tous les complexes en polarisation verticale des faisceaux incidents.

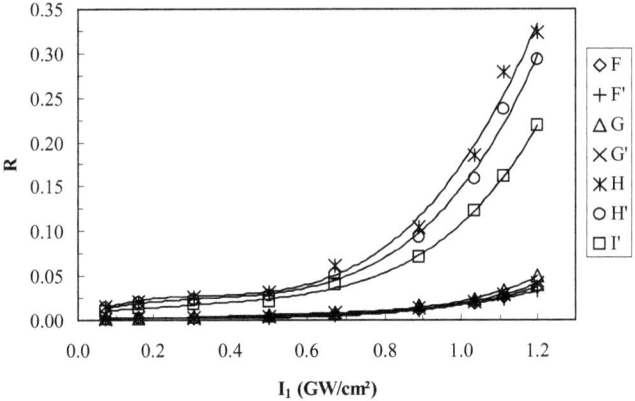

Figure 5.37 : Rendement DFWM R_{xxxx} à C_{opt} en fonction de l'intensité $I^{<1>}$ pour les complexes étudiés **F-I'**

Complexes	$\chi^{<3>}_{xxxx} \times 10^{20}$ [m².V⁻²]	$\chi^{<3>}_{xxyy} \times 10^{20}$ [m².V⁻²]	$\chi^{<3>}_{yxyx} \times 10^{20}$ [m².V⁻²]	$\chi^{<3>}_{yxxy} \times 10^{20}$ [m².V⁻²]	$\gamma_{xxxx} \times 10^{44}$ [m⁵.V⁻²]	$\chi^{<3>}_{xxxx}/\alpha$ [un. arb.]
F	0,34	0,13	0,23	1,21	0,16	0,01
F'	0,31	0,13	0,02	0,09	0,15	0,01
G	0,47	0,28	0,12	0,08	0,23	0,02
G'	0,39	0,26	0,12	0,07	0,19	0,01
H	3,01	1,79	0,27	0,16	1,56	0,97
H'	2,72	1,95	0,24	0,13	1,44	0,65
I'	2,04	0,98	1,77	1,07	1,23	0,55
CS₂ [Sah97]	1,94	0,24	1,94	1,01	$4,71 \times 10^{-5}$	-
CH₂Cl₂	0,15	0,03	0,97	0,68	$3,95 \times 10^{-6}$	-

Tableau 5.22 : Les paramètres (donnés à ± 10%) $\chi^{<3>}_{xxxx}$, $\chi^{<3>}_{xxyy}$, $\chi^{<3>}_{yxyx}$, $\chi^{<3>}_{yxxy}$, γ_{xxxx} et $\chi^{<3>}_{xxxx}/\alpha$ représentent respectivement les susceptibilités électriques non linéaires du troisième ordre pour différentes polarisations des faisceaux incidents, l'hyperpolarisabilité non linéaire du second ordre et le facteur de mérite (à C_{opt}).

En tirant avantage des différentes symétries spatiales impliquées dans le tenseur $\chi^{<3>}$, nous pouvons discriminer les différents mécanismes physiques contribuant au $\chi^{<3>}$. En régime picoseconde et d'après les expressions 1.39 et 1.40 qui relient, pour des milieux isotropes, les contributions électronique (*el*) et moléculaire (*m*) des composants tensoriels, on peut alors en déduire les relations suivantes :

pour le CS$_2$ [**Sah95**]: $\chi_{xxxx}^{<3>exp} \approx 8,1\chi_{xxyy}^{<3>exp} \approx 8,1\chi_{yxyx}^{<3>exp} \approx 1,6\chi_{yxxy}^{<3>exp}$ (5.5)

pour le CH$_2$Cl$_2$: $\chi_{xxxx}^{<3>exp} \approx 5,0\chi_{xxyy}^{<3>exp} \approx 5,0\chi_{yxyx}^{<3>exp} \approx 1,7\chi_{yxxy}^{<3>exp}$ (5.6)

pour la molécule **F** : $\chi_{xxxx}^{<3>exp} \approx 2,6\chi_{xxyy}^{<3>exp} \approx 2,6\chi_{yxyx}^{<3>exp} \approx 4,3\chi_{yxxy}^{<3>exp}$ (5.7)

pour la molécule **F'** : $\chi_{xxxx}^{<3>exp} \approx 2,4\chi_{xxyy}^{<3>exp} \approx 2,4\chi_{yxyx}^{<3>exp} \approx 4,2\chi_{yxxy}^{<3>exp}$ (5.8)

pour la molécule **G** : $\chi_{xxxx}^{<3>exp} \approx 1,7\chi_{xxyy}^{<3>exp} \approx 1,7\chi_{yxyx}^{<3>exp} \approx 3,0\chi_{yxxy}^{<3>exp}$ (5.9)

pour la molécule **G'** : $\chi_{xxxx}^{<3>exp} \approx 1,5\chi_{xxyy}^{<3>exp} \approx 1,5\chi_{yxyx}^{<3>exp} \approx 3,0\chi_{yxxy}^{<3>exp}$ (5.10)

pour la molécule **H** : $\chi_{xxxx}^{<3>exp} \approx 1,7\chi_{xxyy}^{<3>exp} \approx 1,7\chi_{yxyx}^{<3>exp} \approx 2,8\chi_{yxxy}^{<3>exp}$ (5.11)

pour la molécule **H'** : $\chi_{xxxx}^{<3>exp} \approx 1,4\chi_{xxyy}^{<3>exp} \approx 1,4\chi_{yxyx}^{<3>exp} \approx 2,7\chi_{yxxy}^{<3>exp}$ (5.12)

pour la molécule **I'** : $\chi_{xxxx}^{<3>exp} \approx 2,1\chi_{xxyy}^{<3>exp} \approx 2,1\chi_{yxyx}^{<3>exp} \approx 3,0\chi_{yxxy}^{<3>exp}$ (5.13)

Les résultats expérimentaux décrits par les équations 5.5 à 5.13 et les relations 1.39 et 1.40 nous permettent de déduire les résultats présentés dans le tableau 5.23.

Complexes	$\chi_{xxxx}^{<3>el}$ × 10^{20} [m^2.V^{-2}]	$\chi_{xxxx}^{<3>m}$ × 10^{20} [m^2.V^{-2}]	$\lvert \chi_{xxxx}^{<3>el} / \chi_{xxxx}^{<3>} \rvert$ × 10^{20} [m^2.V^{-2}]	$\lvert \chi_{xxxx}^{<3>m} / \chi_{xxxx}^{<3>} \rvert$ × 10^{20} [m^2.V^{-2}]
F	0,41	-0,07	1,20	0,20
F'	0,38	-0,07	1,23	0,23
G	0,66	-0,19	1,41	0,41
G'	0,57	-0,18	1,47	0,47
H	4,12	-1,11	1,37	0,37
H'	4,21	-1,49	1,55	0,55
I'	2,50	-0,47	1,23	0,23
CS$_2$ [**Sah97**]	0,37	1,57	0,19	0,81
CH$_2$Cl$_2$	0,04	0,11	0,25	0,75

Tableau 5.23 : Paramètres $\chi^{<3>}$ (± 10%) déduits à partir de l'expérience DFWM pour les complexes étudiés à C_{opt}

Contrairement au CS$_2$ et au solvant CH$_2$Cl$_2$, les contributions électroniques de $\chi_{xxxx}^{<3>}$ des complexes étudiés sont beaucoup plus fortes que les contributions moléculaires correspondantes. Ce qui signifie que les propriétés ONL du troisième ordre sont influencées avant tout par le phénomène de transfert de charge lié à sa migration le long de la chaîne π-conjuguée. Ce phénomène est d'autant plus marqué pour les complexes possédant les transmetteurs π-conjugués les plus étendus (complexes **H**, **H'** et **I'**). Par ailleurs, pour chaque transmetteur, excepté celui du complexe **I'**, nous pouvons comparer les valeurs obtenues en fonction du motif accepteur utilisé. Les complexes comportant le motif méthylène-barbiturique (complexes **F-H**, R=H) présentent de plus faibles contributions électroniques et moléculaires de $\chi_{xxxx}^{<3>}$ que leurs homologues méthylés (complexes **F'-H'**, R=Me).

La figure 5.38 présente l'influence du temps de retard de l'onde pompe <2> sur les deux autres faisceaux incidents <1> et <3>. A partir de la figure 5.38(a) donnant l'intensité de l'onde <4> en fonction du temps de retard de l'onde pompe <2> pour les complexes **F**, **F'**, **G**, **G'**, on peut observer des pics traduisant la présence d'effets thermiques et en déduire que l'absorption linéaire de ces matériaux à 532 nm joue un rôle important sur la polarisation du troisième ordre observée. Sur la figure 5.38(b), les effets thermiques ne se manifestent pas suite aux faibles valeurs des coefficients d'absorption des complexes **H**, **H'** et **I'**.

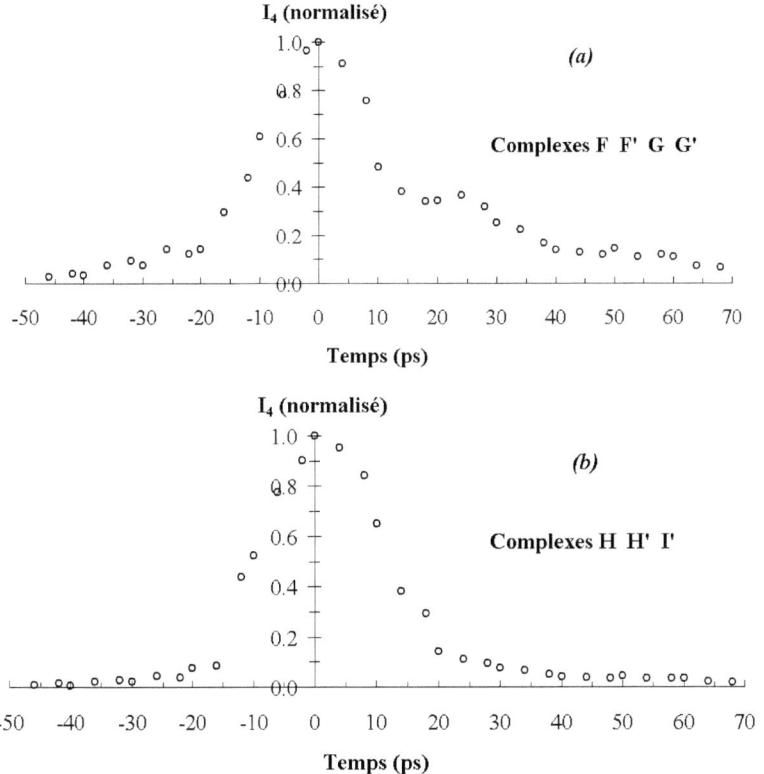

Figure 5.38 : Intensité du signal normalisé $I^{<4>}$ en fonction du temps de retard du faisceau pompe <2> : (a) pour les complexes **F**, **F'**, **G**, **G'** et (b) pour les complexes **H**, **H'**, **I'**

Les résultats sur les valeurs de $\chi_{xxxx}^{<3>}$ des complexes étudiés incorporés dans les matrices de PMMA (voir paragraphe 2.3 du présent chapitre) ont également été comparés avec ceux obtenus dans le dichlorométhane et présentés dans le tableau 5.24. Les plus fortes valeurs de $\chi_{xxxx}^{<3>}$ ont été obtenues pour les complexes incorporés dans les matrices de PMMA. Les plus petites valeurs ont, quant à elles, été obtenues pour les complexes ayant les plus courts transmetteurs π-conjugués (complexes F et G). D'autre part, les complexes comportant le motif méthylène-barbiturique (complexes F-H, R=H) présentent de plus fortes valeurs de $\chi_{xxxx}^{<3>}$ que leurs homologues possédant un motif méthylène-diméthyl-barbiturique (complexes F'-H', R=Me) [Luc08d].

Complexes	$\chi_{xxxx}^{<3>} \times 10^{20}$ [m².V⁻²] (dichlorométhane)	$\chi_{xxxx}^{<3>} \times 10^{20}$ [m².V⁻²] (matrice PMMA)
F	0,34	3,43
F'	0,31	3,01
G	0,47	7,71
G'	0,39	6,08
H	3,01	60,50
H'	2,72	53,31
I'	2,04	39,17

Tableau 5.24 : Comparaison du paramètre $\chi_{xxxx}^{<3>}$ (± 10%) des complexes étudiés (mélangés au dichlorométhane et incorporés dans une matrice de PMMA)

2.5. Calculs théoriques de chimie quantique

Dans ce paragraphe, nous allons présenté les travaux de recherche menés en collaboration avec l'équipe de recherche du Dr Anna Migalska-Zalas du département de Physique de l'Académie J. Dlugosz de Czestochowa en Pologne qui a déterminé, à l'aide du logiciel *HyperChem 7.01*, l'origine et la valeur théorique de l'hyperpolarisabilité non linéaire du second ordre des six molécules organométalliques F-H' à partir de leurs spectres théoriques d'absorption [Luc08d, Mig08b]. Tout d'abord, la géométrie de la molécule a été optimisée en cherchant l'énergie totale d'excitation minimale à l'aide de la méthode du champ de force moléculaire MM⁺ [Wei84, Wei86]. Comme pour les complexes A-C, tous les calculs de chimie quantique ont été résolus par la méthode semi-empirique ZINDO/1 utilisant l'approximation de Hartree-Fock restreinte ou RHF (pour *Restricted Hartree-Fock* en anglais). La méthode ZINDO/1 est une version modifiée de la méthode INDO/1 développée par Zerner [And86, Kot89]. Pour optimiser la géométrie des molécules étudiées, une limite de convergence supérieure à 10^{-6} eV a été atteinte après 500 itérations.

Les spectres UV-Visible ont également été calculés en utilisant la méthode d'interaction de configuration (CI) avec une énergie d'excitation maximale supérieure à 9 eV. Les perturbations locales ont été considérées seulement par l'approche de la molécule isolée. Par conséquent, les interprétations des données expérimentales ont pu donner une information concernant les interactions intramoléculaires et intermoléculaires observées.

Le tableau 5.25 présente les valeurs obtenues, pour les molécules organométalliques **F-H'**, des hyperpolarisabilités non linéaires du second ordre mesurées expérimentalement (γ_{xxxx}^{exp}) et calculées théoriquement (γ_{xxxx}^{th}).

Complexes	$\gamma_{xxxx}^{th} \times 10^{49}$ [m^5.V^{-2}] dans une molécule isolée	$\gamma_{xxxx}^{exp} \times 10^{44}$ [m^5.V^{-2}] dans le dichlorométhane
F	3,25	0,16
F'	3,18	0,15
G	0,77	0,23
G'	4,12	0,19
H	0,49	1,56
H'	11,54	1,44

Tableau 5.25 : Valeurs calculées et mesurées de γ_{xxxx} (± 10%) (λ = 532 nm)

Les plus fortes valeurs de γ_{xxxx}^{exp} ont été mesurées pour les complexes **H** et **H'** possédant un transmetteur bithiophène π-conjugué. Ces deux complexes possèdent également les plus fortes non-linéarités du troisième ordre (voir résultats des tableaux 5.23 et 5.24). D'après les résultats présentés sur le tableau 5.25, il apparaît que l'ajout du groupe méthyle à l'extrémité du fragment accepteur tend à augmenter les valeurs γ_{xxxx}^{th} et diminuer les valeurs γ_{xxxx}^{exp} pour les molécules **G-G'** et **H-H'**, alors que pour les molécules **F-F'**, les valeurs γ_{xxxx}^{th} et γ_{xxxx}^{exp} restent quasi-constantes. Par ailleurs, les différences notables observées entre les résultats expérimentaux et théoriques présentés dans le tableau 5.25 sont liées principalement à l'absorption non linéaire des complexes étudiés, et aux importantes interactions intermoléculaires et vibrationnelles présentes à l'échelle macroscopique mais non prises en compte dans les calculs théoriques réalisés. Une autre raison du désaccord entre ces résultats peut être expliquée par le fait que les calculs théoriques réalisés ne prennent pas en compte l'interaction molécule-solvant.

Enfin, les faibles valeurs de γ_{xxxx}^{exp} obtenues pour les molécules **F-G'** peuvent être liées aux pics additionnels présents sur la figure 5.38(a) représentant les valeurs de l'intensité $I^{<4>}$ du mélange quatre ondes dégénéré en fonction du temps de retard de l'onde pompe <2> par rapport à l'onde pompe <1>. L'apparition de ces pics, liés à des effets thermiques comme vu précédemment, traduit la présence d'un plus grand nombre de niveaux d'énergie piégés provenant des états *d* hautement localisés du ruthénium situés à l'intérieur du gap optique [**Mig04**]. La présence de ces nombreux niveaux d'énergie conduit à un plus grand nombre d'états délocalisés à l'intérieur du gap optique qui induit une diminution des propriétés ONL du troisième ordre des complexes **F-G'** étudiés [**Mig06**].

3. Conclusion du chapitre

Dans ce chapitre, nous avons décrit les résultats expérimentaux obtenus sur les deux séries de complexes organométalliques (complexes **A-E** et **F-I'**) étudiés dans le cadre de cette thèse. Pour chacune de ces séries, des mesures préalables en spectroscopie d'absorption UV-Visible et en voltampérométrie cyclique ont été réalisées avant d'étudier leurs propriétés ONL du deuxième et troisième ordre à l'aide de diverses techniques expérimentales complémentaires : DFWM, SHG, THG et Z-scan. L'objectif de ce travail a consisté à mettre en évidence l'influence des variations des structures moléculaires de ces complexes sur leurs propriétés ONL. Une étude ONL de ces complexes à l'échelle moléculaire à l'aide de calculs théoriques de chimie quantique a également été présentée.

Ces travaux de recherche se sont focalisés en particulier sur les complexes **A-C** possédant un fragment azobenzène. Une étude sur la diffusion des rayons X aux grands angles (WAXS) a permis de mieux illustrer l'orientation des chromophores par corona poling. Une étude sur la dynamique de formation de réseaux de surface photo-induits a également été développée et des réseaux 1D et 2D ont pu être inscrits de manière reproductible à la surface des couches minces de ces complexes.

Les complexes **F-I'** sont également des modèles d'études intéressants pour l'ONL car nous avons montré que leurs propriétés électroniques pouvaient être modifiées en jouant sur la nature du fragment accepteur et du transmetteur π-conjugué. D'autre part, il a été observé, comme pour les composés organiques, que l'extension du transmetteur π-conjugué reliant les fragments donneur et accepteur permettait d'augmenter sensiblement le transfert de charge intramoléculaire et par conséquent leurs non-linéarités optiques.

Références du Chapitre 5 :

[Aki04] A.A. Aki, *Microstructure and electrical properties of iron oxide thin films deposited by spray pyrolysis*, Appl. Surf. Sci., **221**, 1-4, 319-329 (2004)

[And86] W. P. Anderson, W. D. Edwards, and M. C. Zerner, *Calculated spectra of hydrated ions of the first transition-metal series*, Inorg. Chem., **25**, 16, 2728-2732 (1986)

[Bar96] C. J. Barrett, A. L. Natansohn, and P. L. Rochon, *Mechanism of optically inscribed high-efficiency diffraction gratings in azo polymer films*, J. Phys. Chem., **100**, 21, 8836-8842 (1996)

[Bel06] B. Bellini, J. Ackermann, H. Klein, C. Grave, P. Dumas, and V. Safarov, *Light-induced molecular motion of azobenzene-containing molecules: a random-walk model*, J. Phys. Condens. Matter, **18**, 1817-1835 (2006)

[Bos00] C. Bosshard, U. Gubler, P. Kaatz, W. Mazerant, and U. Meier, *Non-phase-matched optical third-harmonic generation in noncentrosymmetric media: Cascaded second-order contributions for the calibration of third-order nonlinearities*, Phys. Rev. B, **61**, 16, 10688-10701 (2000)

[Chu05] C. Chun, J. Ghim, M.-J. Kim, and D. Y. Kim, *Photofabrication of surface relief gratings from azobenzene containing perfluorocyclobutane aryl ether polymer*, J. Polym. Sci.: Part A: Polym. Chem., **43**, 3525-3532 (2005)

[Cza07] R. Czaplicki, O. Krupka, Z. Essaïdi, A. El-Ghayoury, F. Kajzar, J. G. Grote, and B. Sahraoui, *Grating inscription in picosecond regime in thin films of functionalized DNA*, Opt. Express, **15**, 23, 15268-15273 (2007)

[Dan03] C. Daniel, *Electronic spectroscopy and photoreactivity in transition metal complexes*, Coord. Chem. Rev., **238-239**, 143-166 (2003)

[DiB96] S. Di Bella, I. Fragala, T. J. Marks, and M. A. Ratner, *Large second-order optical nonlinearities in open-shell chromophores. Planar metal complexes and organic radical ion aggregates*, J. Am. Chem. Soc., **118**, 50, 12747-12751 (1996)

[Fio00] C. Fiorini, N. Prudhomme, G. De Veyrac, I. Maurin, P. Raimond, and J.-M. Nunzi, *Molecular migration mechanism for laser induced surface relief grating formation*, Synth. Met., **115**, 121-125 (2000)

[Gin06] D. Gindre, A. Boeglin, A. Fort, L. Mager, and K. D. Dorkenoo, *Rewritable optical data storage in azobenzene copolymers,* Opt. Exp., **14**, 21, 1-6 (2006)

[Gin07a] D. Gindre, A. Boeglin, G. Taupier, O. Crégut, J.-P. Vola, A. Barsella, L. Mager, A. Fort, and K. D. Dorkenoo, *Toward submicrometer optical storage through controlled molecular disorder in azo-dye copolymer films*, J. Opt. Soc. Am. B, **24**, 3, 532-537 (2007)

[Gin07b] D. Gindre, I. Ka, A. Boeglin, A. Fort, and K. D. Dorkenoo, *Image storage through gray-scale encoding of second harmonic signals in azo-dye copolymers*, Appl. Phys. Lett., **90**, 094103, 1-3 (2007)

[Gub00] U. Gubler, and C. Bosshard, *Optical third-harmonic generation of fused silica in gas atmosphere: Absolute value of the third-order nonlinear optical susceptibility $\chi^{<3>}$*, Phys. Rev. B, **61**, 16, 10702-10710 (2000)

[He03] Y. He, X. Wang, and Q. Zhou, *Synthesis and characterization of a novel photoprocessible hyperbranched azo polymer*, Synth. Met., **132**, 245-248 (2003)

[Hur01] S. K. Hurst, M. P. Cifuentes, J. P. L. Morrall, N. T. Lucas, I. R. Whittall, M. G. Humphrey, I. Asselberghs, A. Persoons, M. Samoc, B. Luther-Davies, and A. C. Willis, *Organometallic complexes for nonlinear optics. Quadratic and cubic hyperpolarizabilities of trans-bis(bidentate phosphine)ruthenium σ-arylvinylidene and σ-arylalkynyl complexes*, Organometallics, **20**, 4664-4675 (2001)

[Kim06] M. Kim, B. Kang, S. Yang, C. Drew, L. A. Samuelson, and J. Kumar, *Facile patterning of periodic arrays of metal oxides*, Adv. Mat., **18**, 1622-1626 (2006)

[Kot89] M. Kotzian, N. Rösch, H. Schröder, and M. C. Zerner, *Optical spectra of transition-metal carbonyls: $Cr(CO)_6$, $Fe(CO)_5$, and $Ni(CO)_4$*, J. Am. Chem. Soc., **111**, 20, 7687-7701 (1989)

[Lag98] F. Lagugné-Labarthet, T. Buffeteau, and C. Sourisseau, *Molecular orientations in azopolymer holographic diffraction gratings as studied by Raman confocal microspectrometry*, J. Phys. Chem. B, **102**, 30, 5754-5765 (1998)

[Luc07] J. Luc, J-L. Fillaut, J. Niziol, and B. Sahraoui, *Large third-order nonlinear optical properties of alkynyl ruthenium chromophore thin films using third harmonic generation*, J. Opt. Adv. Mat., **9**, 9, 2826-2832 (2007)

[Luc08a] J. Luc, J. Niziol, M. Sniechowski, J-L. Fillaut, O. Krupka, and B. Sahraoui, *Study of nonlinear optical properties of organometallic complexes and DR1-doped polymer matrices*, Mol. Cryst. Liq. Cryst., **485**, 1, 248-259 (2008)

[Luc08b] J. Luc, G. Boudebs, I. Rau, A. Migalska-Zalas, M. Bakasse, J-L. Fillaut, and B. Sahraoui, *Nonlinear optical characterization of functionalized organometallic complexes using THG and Z-scan techniques*, Nonlin. Opt. Quant. Opt., Article in press (2008)

[Luc08c] J. Luc, K. Bouchouit, R. Czaplicki, J.-L. Fillaut, and B. Sahraoui, *Study of surface relief gratings on azo organometallic films in picosecond regime*, Opt. Express, Article submitted for publication (2008)

[Luc08d] J. Luc, A. Migalska-Zalas, S. Tkaczyk, J. Andriès, J-L. Fillaut, A. Meghea, and B. Sahraoui, *Nonlinear optical effects in new alkynyl-ruthenium containing nanocomposites*, J. Opt. Adv. Mat., Review paper, **10**, 1, 29-43 (2008)

[Mig04] A. Migalska-Zalas, Z. Sofiani, B. Sahraoui, I. V. Kityk, S. Tkaczyk, V. Yuvshenko, J.-L. Fillaut, J. Perruchon, and T. J. J. Muller, *$\chi^{<2>}$ grating in Ru derivative chromophores incorporated within the PMMA polymer matrices*, J. Phys. Chem. B, **108**, 39, 14942-14947 (2004)

[Mig05] A. Migalska-Zalas, B. Sahraoui, I. V. Kityk, S. Tkaczyk, V. Yuvshenko, J.-L. Fillaut, J. Perruchon, and T. J. J. Muller, *Second-order optical effects in organometallic nanocomposites induced by an acoustic field*, Phys. Rev. B, **71**, 035119, 1-8 (2005)

[Mig06] A. Migalska-Zalas, J. Luc, B. Sahraoui, and I. V. Kityk, *Kinetics of third-order nonlinear optical susceptibilities in alkynyl ruthenium complexes*, Opt. Mat., **28**, 1147-1151 (2006)

[Mig08a] A. Migalska-Zalas, I. V. Kityk, M. Bakasse, and B. Sahraoui, *Features of the alkynyl ruthenium chromophore with modified anionic subsystem UV absorption*, Spectrochim. Acta Part A, **69**, 178-182 (2008)

[Mig08b] A. Migalska-Zalas, *Theoretical simulation of the third order nonlinear optical properties of some selected organometallic complexes*, Digest J. Nanomater. Biostruct., **3**, 1, 1-8 (2008)

[Mor89] M. A. Mortazavi, A. Knoesen, S. T. Kowel, B. G. Higgins, and A. Dienes, *Second-harmonic generation and absorption studies of polymer-dye films oriented by corona-onset poling at elevated temperatures*, J. Opt. Soc. Am. B, **6**, 4, 733-741 (1989)

[Mye91] R. A. Myers, N. Mukherjee, and S. R. J. Brueck, *Large second-order nonlinearity in poled fused silica*, Opt. Lett., **16**, 22, 1732-1734 (1991)

[Nak08] H. Nakano, T. Tanino, T. Takahashi, H. Andoa, and Y. Shirotaab, *Relationship between molecular structure and photoinduced surface relief grating formation using azobenzene-based photochromic amorphous molecular materials*, J. Mater. Chem., **18**, 242-246 (2008)

[Nau98] R. H. Naulty, A. M. McDonagh, I. R. Whittall, M. P. Cifuentes, M. G. Humphrey, S. Houbrechts, J. Maes, A. Persoons, G. A. Heath, D. C. R. Hockless, *Organometallic complexes for nonlinear optics. Molecular quadratic hyperpolarizabilities of trans-bis{bis(diphenylphosphino)methane}ruthenium σ-aryl- and σ-pyridyl-acetylides: X-ray crystal structure of trans-[Ru(2-C≡CC$_5$H$_3$N-5-NO$_2$)Cl(dppm)$_2$]*, J. Organomet. Chem., **563**, 137-146 (1998)

[Qui03] Y. Quiquempois, P. Niay, M. Douay, and B. Poumellec, *Advances in poling and permanently induced phenomena in silica-based glasses*, Cur. Opi. Sol. St. Mat. Sc., **7**, 2, 89-95 (2003)

[Rau08] I. Rau, F. Kajzar, A. Humeau, J. Luc, B. Sahraoui, and G. Boudebs, *Comparison of Z-scan and THG derived nonlinear index of refraction in selected organic solvents*, Article submitted to Phys. Rev. B (2008)

[Sah95] B. Sahraoui, M. Sylla, J. P. Bourdin, G. Rivoire, and J. Zaremba, *Third-order nonlinear optical properties of ethylenic tetrathiafulvalene derivatives*, J. Modern Opt., **42**, 10, 2095-2107 (1995)

[Sah97] B. Sahraoui, and G. Rivoire, *Degenerate four-wave mixing in absorbing isotropic media*, Opt. Comm., **138**, 109-112 (1997)

[Tou99] E. Toussaere, and P. Labbé, *Linear and non-linear gratings in DR1 side chain polymers*, Opt. Mat., **12**, 357-362 (1999)

[Vis99] N. K. Viswanathan, D. Y. Kim, S. Bian, J. Williams, W. Liu, L. Li, L. Samuelson, J. Kumar, and S. K. Tripathy, *Surface relief structures on azo polymer films*, J. Mater. Chem., **9**, 1941-1955 (1999)

[Wei84] S. J. Weiner, P. A Kollman, D. A. Case, U. C. Ghio, G. Alagona, J. S. Profeta, and P. Weiner, *A new force field for molecular mechanical simulation of nucleic acids and proteins*, J. Am. Chem. Soc., **106**, 3, 765-784 (1984)

[Wei86] S. J. Weiner, P. A. Kollman, D. T. Nguyen, and D. A. Case, *An all atom force field for simulations of proteins and nucleic acids*, J. Comput. Chem., **7**, 2, 230-252 (1986)

Conclusion générale

Conclusion générale

Les complexes organométalliques de type métal-acétylure présentent de très bonnes prédispositions à l'ONL du deuxième et troisième ordre. En particulier, les dérivés acétylures de ruthénium(II) font partie des composés organométalliques les plus étudiés en ONL du fait de leur accessibilité synthétique, de leur stabilité (chimique et thermique) et de la réversibilité du couple rédox Ru^{II}/Ru^{III}. Cette thèse a mis en évidence les propriétés ONL et la structuration photo-induite de deux séries de nouveaux complexes organométalliques acétylures de ruthénium(II) (complexes **A-E** et **F-I'**). Les complexes étudiés sont tous filmogènes et ont la particularité d'être composés d'un fort donneur ruthénium-acétylure pouvant concurrencer les plus forts donneurs organiques. Diverses techniques expérimentales (DFWM, SHG, THG et Z-scan) ont été utilisées pour étudier leurs propriétés ONL du deuxième et troisième ordre. Les résultats de calculs théoriques de chimie quantique ont également été présentés afin d'approfondir l'étude ONL de ces complexes à l'échelle moléculaire. Les complexes **A-C** de la première série ont été fonctionnalisés, dans leur système organique π-conjugué, par un fragment azobenzène dans le but de favoriser la photoisomérisation *trans-cis-trans* des composés azoïques connue pour être à l'origine de la formation de réseaux de surface photo-induits. Cette thèse a permis de confirmer cette hypothèse et d'apporter des informations complémentaires sur les complexes **A-C** par la diffusion des rayons X aux grands angles (WAXS) et par l'étude, en régime picoseconde, de la dynamique de formation de réseaux de surface photo-induits sur des couches minces de ces complexes. Les deux autres complexes **D-E** de la première série nous ont permis d'identifier le rôle de chacun des fragments de cette série sur les non-linéarités optiques du deuxième et troisième ordre et sur la formation des réseaux de surface. Enfin, sur les complexes *push-pull* **F-I'**, nous avons cherché la meilleure association [Donneur-Transmetteur-Accepteur] permettant d'optimiser leurs propriétés ONL du second et troisième ordre.

Cette conclusion générale présente une synthèse et une analyse des principaux résultats expérimentaux obtenus sur les deux séries de complexes organométalliques étudiés, et propose quelques perspectives concernant de nouvelles voies de recherche à explorer.

Conclusion générale

Complexes organométalliques **A-E** :

Les spectres d'absorption des complexes **A-E** ont montré de larges bandes résultant de la superposition des bandes liées au transfert de charge métal-ligand (MLCT) du complexe acétylure et de la contribution π-π^* du fragment azobenzène. Les complexes **D** et **E** qui ne possèdent pas, contrairement aux complexes **A-C**, de fragments N,N-dibutylamine et azobenzène ont montré un coefficient d'absorption molaire plus faible à λ_{max} ainsi qu'une forme oxydée plus stable. L'analyse des diffractogrammes de diffusion WAXS 2D et 3D des couches minces des complexes **A-C** a permis de révéler la présence de pics traduisant une structure quasi-amorphe et des cristallites de taille moyenne proche de 2,5 nm. A partir de ces diffractogrammes, des simulations numériques ont permis de réaliser une représentation de la distribution de la densité électronique des complexes **A-C**.

Les résultats de SHG et THG obtenus en régime picoseconde sur des couches minces des complexes **A-E** (avant et après orientation par corona poling) ont fait apparaître clairement le rôle majeur joué par les fragments N,N-dybutilamine et azobenzène sur les propriétés ONL observées. Par ailleurs, ces résultats ont montré que l'orientation préalable des chromophores par corona poling augmente leurs propriétés ONL du second ordre (même après trois mois de stockage à température et lumière ambiantes) mais n'a aucune influence notable sur leurs propriétés ONL du troisième ordre. Il a également été démontré que le complexe **B** possédant un fragment benzaldéhyde présente les plus fortes non-linéarités du deuxième ($\chi_{eff}^{<2>} = 1,02$ pm.V^{-1}) et troisième ordre ($\chi_{elec}^{<3>} = 3,0 \times 10^{-20}$ m^2.V^{-2}).

Sans tenir compte de l'interaction molécule-solvant, une simulation théorique, à l'échelle moléculaire, de la distribution de la densité de charge du potentiel électrostatique des complexes **A-C** et de leur absorption UV-Visible a pu être réalisée par des calculs de chimie quantique. Cette étude a mis en évidence l'influence majeure des différents fragments accepteurs sur le déplacement du spectre d'absorption lié à une non-centrosymétrie locale de la distribution de densité de charge électronique intramoléculaire. Il a notamment été observé une plus forte délocalisation de charge sur les profils de distribution du potentiel électrostatique moléculaire pour les complexes **B** et **C** possédant des doubles liaisons C=C dans leur fragment accepteur. Cette étude théorique a permis de confirmer les résultats obtenus expérimentalement à l'échelle macroscopique qui ont également montré que ces fragments accepteurs ont une influence importante sur les propriétés ONL du deuxième et troisième ordre de ces complexes.

Conclusion générale

Dans cette étude, des réseaux de surface photo-induits (temporellement stables à température et lumière ambiantes) ont été inscrits à la surface de couches minces des complexes **A-C** à l'aide d'une technique d'holographie dynamique (DTWM) fonctionnant en régime picoseconde. Sans pour autant avoir pu établir un modèle théorique approprié au régime picoseconde, il a été clairement démontré que la dynamique de formation de ces réseaux est dépendante de l'intensité lumineuse et de la polarisation des faisceaux d'écriture. Les plus fortes efficacité du premier ordre de diffraction (12,7% contre 2,1% pour le **PMMA-DR1** (matériau de référence)) et amplitude moyenne de modulation (100 nm contre 20 nm pour le **PMMA-DR1**) ont été obtenues pour le complexe **C** pourvu d'un fragment thiophène carboxaldéhyde (en polarisation verticale ou *s-s* des faisceaux d'écriture). Le complexe **C** possède également le plus faible temps d'inscription de réseau : 0,7 s en polarisation *s-s* avec un laser à 10 Hz (contre 3,2 s pour le **PMMA-DR1**) sachant que l'utilisation d'un laser possédant une fréquence de répétition des impulsions plus élevée aurait permis de diminuer ce temps d'inscription.

Enfin, il a également été possible d'inscrire de manière reproductible des structures bidimensionnelles sur les couches minces des complexes **A-C**. Cependant, il a été observé que ces réseaux 2D induisent une diminution de l'ordre de 60% de l'efficacité maximale du premier ordre de diffraction et de l'amplitude moyenne de modulation par rapport aux réseaux 1D.

En conclusion, les fortes non-linéarités optiques du deuxième et troisième ordre des complexes **A-E** et les très bonnes propriétés holographiques (efficacité de diffraction, amplitude moyenne de modulation, temps d'inscription, stabilité, ...) des complexes **A-C** observées en régime picoseconde en font des candidats très prometteurs pour des applications potentielles en ONL et pour le stockage optique de données.

Complexes organométalliques **F-I'** :

Les spectres d'absorption des complexes **F-I'** ont montré de larges bandes attribuées à des transitions électroniques au sein des groupements phényles des diphosphines (dppe), à une transition du transfert de charge intraligand de l'acétylure $\pi \rightarrow \pi^*$ (C≡C-Aromatique) perturbée par le métal, et enfin à une transition $d_\pi(Ru) \rightarrow \pi^*$ (C≡C-Aromatique) liée au transfert de charge métal-ligand (MLCT). Par ailleurs, une comparaison de leurs potentiels d'oxydation a permis d'évaluer l'incidence de l'accepteur et du transmetteur sur la richesse électronique du métal et par conséquent sur la délocalisation électronique intramoléculaire. Le potentiel d'oxydation Ru^{II}/Ru^{III} de ces complexes diminue car le squelette vinylthiophène apporte une meilleure planéité à la molécule et un allongement du transmetteur π-conjugué induisant une forme oxydée de plus en plus stable. Le transmetteur donnant la plus faible valeur du potentiel d'oxydation est le groupement thiophène-ène-thiophène (complexe **I'** avec R=Me). Les complexes comportant le motif barbiturique (complexes **F-H**, R=H) présentent un potentiel d'oxydation plus élevé que leurs homologues méthylés (complexes **F'-H'**, R=Me).

Les résultats SHG obtenus sur les complexes **F-I'** incorporés dans une matrice de PMMA ont fait apparaître clairement que ces complexes sont macroscopiquement non centrosymétriques et que les fragments transmetteurs thiophène et surtout bithiophène (respectivement des complexes **G** et **H**) jouent un rôle prépondérant sur les propriétés ONL du second ordre des complexes étudiés. En effet, la présence de ces deux fragments induit une augmentation des valeurs de $\chi_{eff}^{<2>}$ des complexes **G**, **G'**, **H** et **H'** par rapport à celles des complexes **F**, **F'** et **I'**. Une valeur $\chi_{eff}^{<2>} = 0,54$ pm.V^{-1}, équivalente à environ la moitié de celle du quartz *y-cut* (matériau de référence), a été atteinte pour le complexe **H** possédant un transmetteur bithiophène et un accepteur méthylène-barbiturique. Il a été démontré également que le fragment accepteur méthylène-barbiturique (complexes **F**, **G** et **H**) induit des propriétés ONL du second ordre plus fortes que le fragment accepteur méthylène-diméthyl-barbiturique (complexes **F'**, **G'** et **H'**).

Une étude des propriétés ONL du troisième ordre de ces complexes a également été menée à l'aide du mélange quatre ondes dégénéré (DFWM). Contrairement au matériau de référence (CS$_2$) et au solvant (CH$_2$Cl$_2$) utilisés, la contribution électronique de la susceptibilité électrique non linéaire du troisième ordre des complexes étudiés est prépondérante devant la contribution moléculaire ; ce qui signifie que les propriétés ONL du troisième ordre sont influencées avant tout par le transfert de charge électronique intramoléculaire. Ce phénomène est d'autant plus marqué pour les complexes possédant les plus longs transmetteurs π-conjugués (complexes **H**, **H'** et **I'**). Par ailleurs, pour chaque transmetteur, excepté celui du complexe **I'**, nous avons pu comparer les valeurs obtenues en fonction du motif accepteur utilisé. Les complexes comportant le motif méthylène-barbiturique (complexes **F-H**, R=H) présentent de plus faibles contributions électroniques et moléculaires de $\chi_{xxxx}^{<3>}$ que leurs homologues méthylés (complexes **F'-H'**, R=Me). La plus forte valeur de $\chi_{xxxx}^{<3>}$ a été obtenue pour le complexe **H** incorporé dans une matrice de PMMA ($\chi_{xxxx}^{<3>} = 60,5 \times 10^{-20}$ m^2.V^{-2} contre $\chi_{xxxx}^{<3>} = 1,9 \times 10^{-20}$ m^2.V^{-2} pour le CS$_2$) et les plus faibles valeurs pour les complexes ayant les plus courts transmetteurs π-conjugués (complexes **F** et **G**). D'autre part, les complexes comportant le motif barbiturique (complexes **F-H**, R=H) présentent de plus fortes valeurs de $\chi_{xxxx}^{<3>}$ que leurs homologues méthylés (complexes **F'-H'**, R=Me).

Une étude théorique à l'échelle moléculaire a permis de mettre en évidence l'origine et la valeur théorique de l'hyperpolarisabilité non linéaire du second ordre des six molécules organométalliques **F-H'** à partir de leurs spectres théoriques d'absorption. Les différences notables entre les résultats expérimentaux et théoriques sont liées aux importantes interactions intermoléculaires et vibrationnelles présentes à l'échelle macroscopique mais non prises en compte dans les calculs théoriques réalisés. D'autre part, les faibles valeurs γ_{xxxx}^{exp} obtenues notamment pour les molécules **F-G'** peuvent être liées aux pics additionnels observés lors des mesures réalisées à l'aide de la technique « DFWM résolu en temps ». En effet, la présence d'un grand nombre de niveaux d'énergie piégés traduisant l'apparition de ces pics conduit à un plus grand nombre d'états délocalisés à l'intérieur du gap optique provoquant une diminution des propriétés ONL du troisième ordre des complexes **F-G'**.

En conclusion, les complexes **F-I'** possèdent de fortes non-linéarités optiques du deuxième et troisième ordre et sont des matériaux intéressants pour l'ONL notamment lorsqu'ils sont fonctionnalisés dans une matrice de PMMA. Il a été également montré que leurs propriétés électroniques pouvaient être modifiées en jouant sur la nature du fragment accepteur et du transmetteur π-conjugué.

Perspectives :

Les nouveaux complexes organométalliques étudiés en régime picoseconde dans le cadre de cette thèse ouvrent de nouvelles voies de recherche en ONL et en holographie dynamique. En effet, nous avons montré que les acétylures métalliques sont sans nul doute des substrats prometteurs pour des applications optoélectroniques du futur et les dernières avancées en terme d'ingénierie moléculaire et de miniaturisation des sources laser continues et pulsées laissent imaginer le potentiel d'applications de ces nouveaux types de matériaux : composants optoélectroniques, mémoires optiques, stockage optique de données, ... Des mesures supplémentaires permettant de déterminer les valeurs des températures de transitions des deux séries de complexes étudiées devraient être prochainement réalisées à l'aide de mesures par DSC (Differential Scanning Calorimetry) afin de connaître notamment avec exactitude la température de transition vitreuse T_g très utile pour la mise en œuvre de l'orientation des chromophores par corona poling et de l'effacement des réseaux de surface photo-induits, ainsi que la température de transition de phase non-centrosymétrique/centrosymétrique qui pourrait être ensuite confirmée par la technique SHG. Des mesures de la fluorescence de ces complexes permettraient également de mieux comprendre les interactions intra- et intermoléculaires déjà observées dans le cadre de cette étude.

Par ailleurs, les recherches menées dans le cadre de cette thèse offrent des informations précieuses quant à l'utilisation de certains de ces complexes pour l'inscription de réseaux de surface photo-induits 1D et 2D en régime pulsé. Il apparaît donc clairement la nécessité de poursuivre les recherches notamment sur la synthèse et sur différentes techniques de dépôt (en utilisant différents substrats : verre, silice, ITO, …) de ce type de complexes organométalliques en tirant notamment profit des connaissances apportées par les travaux menés durant cette thèse. D'autre part, l'utilisation des nouveaux lasers prochainement opérationnels au laboratoire POMA pourrait permettre un prolongement de cette étude expérimentale dans les régimes continu, nano- et femtosecondes. Par ailleurs, l'automatisation des déplacements du matériau non linéaire et des miroirs de renvoi utilisés sur la technique du mélange à deux ondes dégénéré (DTWM) permettrait de déterminer avec exactitude le rapport entre les paramètres de modulation $\Delta\alpha$, Δn et Δd (respectivement des réseaux d'absorption, d'indice de réfraction ou de surface pouvant être inscrits au sein d'un matériau non linéaire) et également inscrire des hologrammes en volume dans des matériaux non linéaires. Une étude des propriétés holographiques de ces matériaux en fonction de différents substrats et de différentes épaisseurs des couches minces permettrait de mieux appréhender les phénomènes mis en jeu dans la formation des réseaux de diffraction. Il pourrait être également envisagé d'établir à terme un modèle théorique de la dynamique de formation de réseaux de diffraction en régime pulsé dans le but de proposer de nouvelles méthodes innovantes de fabrication, à l'échelle micro- ou nanométrique, de réseaux holographiques performants dont le potentiel d'applications ne cesse de s'accroître.

Conclusion générale

Liste des travaux scientifiques

❋ Publications :

1. J. Luc, K. Bouchouit, R. Czaplicki, J.-L. Fillaut, and B. Sahraoui, *Study of surface relief gratings on azo organometallic films in picosecond regime*, Opt. Express, Article submitted for publication (2008)
2. V. Figà, J. Luc, M. Baitoul, and B. Sahraoui, *NLO properties of polythiophenes galvanostatically electrodeposited on ITO glasses*, J. Opt. Adv. Mat., Article submitted for publication (2008)
3. I. Rau, F. Kajzar, A. Humeau, J. Luc, B. Sahraoui, and G. Boudebs, *Comparison of Z-scan and THG derived nonlinear index of refraction in selected organic solvents*, J. Opt. Soc. Am. B, Article submitted for publication (2008)
4. M. Giffard, N. Mercier, B. Gravoueille, E. Ripaud, J. Luc, and B. Sahraoui, *Polymorphism of lead (II) benzenethiolate: a noncentrosymmetric new allotropic form of $Pb(SPh)_2$*, CrystEngComm, Article in press (2008)
5. J. Luc, G. Boudebs, I. Rau, A. Migalska-Zalas, M. Bakasse, J-L. Fillaut, and B. Sahraoui, *Nonlinear optical characterization of functionalized organometallic complexes using THG and Z-scan techniques*, Nonlin. Opt. Quant. Opt., Article in press (2008)
6. J. Luc, J. Niziol, M. Sniechowski, B. Sahraoui, J-L. Fillaut, and O. Krupka, *Study of nonlinear optical and structural properties of organometallic complexes*, Mol. Cryst. Liq. Cryst., Vol. 485, 1, 248 (2008)
7. W. Bi, N. Louvain, N. Mercier, J. Luc, I. Rau, F. Kajzar, and B. Sahraoui, *A switchable NLO organic-inorganic compound based on conformationally chiral disulfide molecules and $Bi^{(III)}I_5$ iodobismuthate networks*, Adv. Mat., Vol. 20, 1013 (2008)
8. J. Luc, A. Migalska-Zalas, S. Tkaczyk, J. Andriès, J-L. Fillaut, A. Meghea, and B. Sahraoui, *Nonlinear optical effects in new alkynyl-ruthenium containing nanocomposites*, J. Opt. Adv. Mat., *Review paper*, Vol. 10, 1, 29 (2008)
9. B. Kulyk, Z. Essaidi, J. Luc, Z. Sofiani, G. Boudebs, B. Sahraoui, V. Kapustianyk, and B. Turko, *Second and third order nonlinear optical properties of microrod ZnO films deposited on sapphire substrates by thermal oxidation of metallic zinc*, J. Appl. Phys., Vol. 102, 113113, 1-6 (2007)
10. J. Luc, J.-L. Fillaut, J. Niziol, and B. Sahraoui, *Large third-order nonlinear optical properties of alkynyl ruthenium chromophore thin films using third harmonic generation*, J. Opt. Adv. Mat., Vol. 9, 9, 2826 (2007)
11. W. Bi, N. Louvain, N. Mercier, J. Luc, and B. Sahraoui, *Type structure, which is composed of organic diammonium, triiodide and hexaiodobismuthate, varies according to different structures of incorporated cations*, RSC, CrystEngComm, Vol. 9, 4, 298 (2007)

Liste des travaux scientifiques

12. I. Rau, R. Czaplicki, A. Humeau, J. Luc, B. Sahraoui, G. Boudebs, F. Kajzar, D.A. Leigh, and J. Berna-Canovas, *Linear and nonlinear optical properties of a rotaxane molecule*, Photonics North 2006, Proceedings of SPIE, Ed. P. Mathieu, Vol. 6343, 63433C1 (2006)
13. A. Migalska-Zalas, J. Luc, B. Sahraoui, and I.V. Kityk, *Kinetics of third-order nonlinear optical susceptibilities in alkynyl ruthenium complexes*, Opt. Mat., Vol. 28, 10, 1147 (2006)
14. I. Fuks-Janczarek, J. Luc, B. Sahraoui, F. Dumur, P. Hudhomme, J. Berdowski, and I.V. Kityk, *Third-Order Nonlinear Optical Figure of Merits for Conjugated TTF-Quinone Molecules*, J. Phys. Chem. B, Vol. 109, 10179 (2005)

❀ Communications :

1. J.-L. Fillaut, J. Luc, and B. Sahraoui, *Design of push-pull chromophores based on the incorporation of transition metal acetylides in the main π-conjugated system*, IEEE Cat. No.: CFP0733D-CDR, ISBN: 978-1-4244-1639-4, International Conference on Transparent Optical Networks - Mediterranean Winter 2007 (ICTON-MW'07), December 6-8, 2007, Sousse, Tunisia
2. B. Sahraoui, J. Luc, J.-L. Fillaut, I. Rau, A. Meghea, A. Migalska-Zalas, and M. Bakasse, *New functionalized alkynyl ruthenium nanocomposites and biomolecules for nonlinear optical applications*, 15th Romanian International Conference on Chemistry and Chemical Engineering (RICCCE), September 19-22, 2007, Sinaia, Romania
3. J. Luc, A. Migalska-Zalas, I. Rau, R. Czaplicki, and B. Sahraoui, *Design and synthesis of a new series of alkynyl ruthenium chromophores for nonlinear optical applications*, Invited Conference, 9th International Conference on Frontiers of Polymers and Advanced Materials (ICFPAM), July 8-12, 2007, Cracow, Poland
4. J. Luc, *Functionalization of alkynyl-ruthenium chromophores for nonlinear applications*, Journée scientifique : Molécules pour l'Optique Linéaire et Non Linéaire, June 28, 2007, Rennes, France
5. B. Kulyk, Z. Essaidi, J. Luc, G. Boudebs, B. Sahraoui, V. Kapustianyk, and B. Turko, *Structural and nonlinear optical properties of ZnO films deposited on sapphire substrates by thermal oxidation of the metallic zinc*, 9th International Workshop Nonlinear Optics Applications (NOA), May 17-20, 2007, Swinoujscie, Poland
6. J. Luc, J-L. Fillaut, J. Niziol, and B. Sahraoui, *Synthesis and nonlinear optical characterization of new organometallic compounds*, Gecom Concoord Conference, May 20-25, 2007, Plancoët, France
7. J. Luc, *Organometallic complexes for nonlinear optics*, Séminaire présenté aux membres des laboratoires CIMMA et POMA de l'Université d'Angers, May 9, 2007, Angers, France
8. B. Sahraoui, A. Migalska-Zalas, R. Czaplicki, and J. Luc, *Design and synthesis of a new nanocomposites based on alkynyl-ruthenium chromophores for nonlinear optical applications*, International Conference on Materials Science and Engineering, Brasov Materials (BRAMAT), February 22-24, 2007, Brasov, Romania
9. J. Luc, *Contributions à l'étude des propriétés optiques non linéaires de nouveaux composés hautement polarisables*, Séminaire présenté au Comité CNRS, December 20, 2006, Angers, France
10. B. Sahraoui, and J. Luc, *Multifunctionalized nanosized organometallic ruthenium complexes for NLO applications*, 10ème Journée Maghrébines des Sciences des Matériaux, JMSM, November 24-26, 2006, Meknes, Morocco

11. I. Rau, R. Czaplicki, A. Humeau, J. Luc, B. Sahraoui, G. Boudebs, F. Kajzar, D.A. Leigh, and J. Berna-Canovas, *Linear and nonlinear optical properties of selected rotaxanes*, Photonics North, June 5-6, 2006, Quebec, Canada

12. B. Sahraoui, F. Kajzar, I. Rau, R. Czaplicki, J. Luc, Z. Essaidi, and O. Krupka, *Hy3M: Hydrogen-bond geared mechanically interlocked molecular motors*, Centre de Compétences Nanosciences Nord Ouest (C'Nano Nord Ouest), Mars 31, 2006, Nantes (IMN), France

13. M. Wojdyła, W. Bała, B. Derkowska, Z. Lukasiak, R. Czaplicki, J. Luc, Z. Sofiani, S. Dabos-Seignon, and B. Sahraoui, *Photoluminescence and third-harmonic generation of ZnPc thin films*, 3rd International Conference on Photoresponsive Organics and Polymers and 2nd France-Korea Bilateral Symposium on Photonic Materials and Device (3rd ICPOP/2nd KF-PMD), January 15-20, 2006, Val Thorens, France

14. J. Luc, *L'optique non linéaire*, Forum Formations-Professions, December 1-3, 2005, Angers, France

15. B. Sahraoui, A. Migalska-Zalas, I.V. Kityk, J. Luc, and J. Berdowski, *Multi-functionalized new organometallic nano-composites for nonlinear optics applications*, International Conference on Advanced Optoelectronics and Lasers (CAOL), September 12-17, 2005, Yalta, Crimea, Ukraine

16. B. Derkowska, M. Wojdyla, P. Rytlewski, R. Czaplicki, J. Luc, W. Bala, B. Sahraoui, *Investigation of linear and nonlinear optical properties in copper phthalocyanine*, SPIE, Optics and Optoelectronics - Nonlinear Optics Applications (NOA), August 31 - September 2, 2005, Warsaw, Poland

17. B. Derkowska, M. Wojdyla, R. Czaplicki, P. Rytlewski, A. Bratkowski, J. Luc, S. Dabos-Seignon, B. Sahraoui, and W. Bala, *Grown of thin layers of CuPc and ZnPc using quasi MBE method for nonlinear optical studies*, International Conference on Coherent and Nonlinear Optics, International Conference on Lasers, Applications and Technologies (ICONO/LAT), May 11-15, 2005, St-Petersburg, Russia

18. Z. Sofiani, B. Derkowska, J. Luc, P. Dalasinski, Z. Lukasiak, M. Wojdyla, K. Bartkiewicz, B. Sahraoui, *Grown of ZnO:Ce layers by spray pyrolysis method for nonlinear optical studies*, ICONO/LAT, International Conference on Coherent and Nonlinear Optics, International Conference on Lasers, Applications, and Technologies (ICONO/LAT), May 11-15, 2005, St-Petersburg, Russia

19. A. Migalska-Zalas, J. Luc, B. Sahraoui, I.V. Kityk, J. Berdowski, J.-L. Fillaut, and J.Perruchon, *Design and synthesis of ruthenium oligothienylacetylide complexes: new materials for nonlinear optics*, 8th International Conference on Frontiers of Polymers and Advanced Materials, April 22-27, 2005, Cancun, Quintana Roo, Mexico

❀ Posters :

1. J. Luc, J. Niziol, M. Sniechowski, J-L. Fillaut, O. Krupka, and B. Sahraoui, *Study of nonlinear optical properties of organometallic complexes and DR1-doped polymer matrices*, 9th International Conference on Frontiers of Polymers and Advanced Materials (ICFPAM), July 8-12, 2007, Cracow, Poland

2. J. Luc, R. Czaplicki, I.V. Kityk, A. Migalska-Zalas, J-L. Fillaut, and B. Sahraoui, *Nonlinear optical studies of functionalized organometallic ruthenium complexes*, MOLMAT, International Symposium on Molecular Materials based on Coordination and Organometallic Chemistry, June 8-10, 2006, Lyon, France

Résumé

D'une manière générale, les complexes organométalliques riches en carbone et contenant des chaînes π-conjuguées sont des matériaux intéressants pour l'étude des processus de transfert d'électrons. Actuellement, les complexes organométalliques acétylures de ruthénium font partie des composés organométalliques les plus étudiés en optique non linéaire (ONL). Dans cette thèse, nous mettons en évidence les propriétés ONL et la structuration photo-induite de nouveaux complexes organométalliques possédant un fragment donneur ruthénium-acétylure capable de concurrencer les plus forts donneurs organiques.

Nous déterminons, à l'aide de diverses techniques expérimentales (DFWM, SHG, THG, Z-scan), l'influence de la fonctionnalisation de ces structures moléculaires sur l'amélioration de leurs propriétés ONL du deuxième et troisième ordre en jouant notamment sur la nature du fragment accepteur et du transmetteur π-conjugué. Nous présentons les résultats de calculs théoriques de chimie quantique afin de proposer une étude ONL de ces complexes à l'échelle moléculaire. Enfin, nous complétons ce travail sur des complexes ruthénium-acétylure contenant un fragment azobenzène dans leur système organique π-conjugué, par la diffusion des rayons X aux grands angles (WAXS) et par l'étude, en régime picoseconde, de la dynamique de formation de réseaux de surface photo-induits (SRGs) en utilisant une technique d'holographie en transmission et la microscopie à force atomique (AFM).

Mots clés :
Complexes organométalliques, Ruthénium, Optique non linéaire, Réseaux de surface

Abstract

Generally, the organometallic complexes rich in carbon and containing π-conjugated chains are materials interesting for the study of the electronic transfer processes. Currently, the ruthenium-acetylide organometallic complexes form part of the most studied organometallic compounds in nonlinear optics (NLO). In this thesis, we highlight the NLO properties and the photo-induced structuration of new organometallic complexes containing a ruthenium-acetylide donor fragment able to compete with the strongest organic donors.

We determine, using various experimental techniques (DFWM, SHG, THG, Z-scan), the influence of the functionalization of these molecular structures on the improvement of their second and third-order NLO properties exploiting in particular the nature of the acceptor fragment and the π-conjugated transmitter. We present the results of theoretical calculations of quantum chemistry in order to propose a NLO study of these complexes on a molecular scale. Lastly, we supplement this work on ruthenium-acetylide complexes containing an azobenzene fragment in their π-conjugated organic system, by the wide angle X-ray scattering (WAXS) and the study, in picosecond regime, of the dynamics of formation of photo-induced surface relief gratings (SRGs) using a transmission holographic technique and the atomic force microscopy (AFM).

Keywords:
Organometallic complexes, Ruthenium, Nonlinear optics, Surface relief gratings

Oui, je veux morebooks!

i want morebooks!

Buy your books fast and straightforward online - at one of world's fastest growing online book stores! Environmentally sound due to Print-on-Demand technologies.

Buy your books online at
www.get-morebooks.com

Achetez vos livres en ligne, vite et bien, sur l'une des librairies en ligne les plus performantes au monde!
En protégeant nos ressources et notre environnement grâce à l'impression à la demande.

La librairie en ligne pour acheter plus vite
www.morebooks.fr

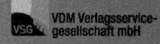 VDM Verlagsservicegesellschaft mbH
Heinrich-Böcking-Str. 6-8 Telefon: +49 681 3720 174 info@vdm-vsg.de
D - 66121 Saarbrücken   Telefax: +49 681 3720 1749 www.vdm-vsg.de

Printed by Books on Demand GmbH, Norderstedt / Germany